华中地区 植物资源专题系列丛书

蕲春
水生药用植物图鉴
及使用指南

覃瑞 董翔 主编

耿红 廖廓 胡文中 副主编

化学工业出版社

·北京·

本书介绍了明代著名中医药学家李时珍故里——湖北省蕲春县的水生药用植物及其使用指南。全书包括水生植物药用篇和食用篇两部分。在第一部分"水生植物药用篇"中，收录水生药用植物69科176种，并描述了每个物种的中文名称、拉丁文学名、科属、别名、形态特征、生境与分布、药用价值等内容。在第二部分"水生植物食用篇"中，选录了27种蕲春常见的水生食用植物，并附有菜谱。全书选配彩色照片，配有植物花、果实彩色图片，便于人们的识别，融科学性、观赏性和科普性于一体。

本书可供药用资源保护与利用以及相关工作人员使用，对李时珍故里药用植物资源研究及开发利用也具有重要参考价值，对广大关注身心健康的民众来说更是一本难得的参考书。

本书的出版得到了国家自然科学基金项目（31170341，31200170）、2013年度和2015年度赤龙湖国家湿地公园中央湿地保护恢复工程以及中央湿地保护补助项目、中南民族大学生命科学学院博士点建设专项的资助。

图书在版编目（CIP）数据

蕲春水生药用植物图鉴及使用指南/覃瑞，董翔主编 .
北京：化学工业出版社，2016.12
华中地区植物资源专题系列丛书
ISBN 978-7-122-28862-2

Ⅰ.①蕲…　Ⅱ.①覃…　②董…　Ⅲ.①水生植物-药用植物-蕲春县-图谱　Ⅳ.①S567-64

中国版本图书馆CIP数据核字（2017）第006361号

责任编辑：魏　巍　洪　强　甘九林　　　　文字编辑：周　倜
责任校对：王　静　　　　　　　　　　　　装帧设计：关　飞

出版发行：化学工业出版社（北京市东城区青年湖南街13号　邮政编码100011）
印　　装：北京瑞禾彩色印刷有限公司
787mm×1092mm　1/16　印张21½　字数521千字　2018年3月北京第1版第1次印刷

购书咨询：010-64518888（传真：010-64519686）　　售后服务：010-64518899
网　　址：http://www.cip.com.cn
凡购买本书，如有缺损质量问题，本社销售中心负责调换。

定　　价：128.00元

华中地区植物资源专题系列丛书
合作单位
（排名不分先后）

中南民族大学

江汉大学

中国科学院武汉植物园

赤龙湖国家湿地公园

湖北大学

湖北师范大学

中科科教（北京）国际教育科技中心有限公司

北京中科科普促进中心

《华中地区植物资源专题系列丛书》
编委会名单

丛书主编：覃　瑞

委　　员（按姓名笔画排序）：

秘 书 长：董元火

《蕲春水生药用植物图鉴及使用指南》
编委会名单

序

华中地区是中国七大地理分区之一，包括湖北、湖南、河南三省，是黄河以南、南岭以北，巫山、雪峰山以东的广大地区，面积约56万平方公里，占全国土地总面积的5.9%。位于华中腹地、长江中游的两湖地区，其四周分别为高山峻岭和低山丘陵所环绕，植被十分茂密。其中，鄂西神农架早已在世界上闻名遐迩。除此之外，绵延横陈于湘、鄂两省西部的武陵山区，以17万平方公里的狭小区域分布了20余个国家级自然保护区，是中国生物多样性极其丰富的少数区域之一。两湖地区的中部地势低平，江河湖泊众多、溪流与池塘星罗棋布，境内拥有我国第2大淡水湖泊——洞庭湖、第16大淡水湖泊——洪湖以及梁子湖等诸多大型淡水湖泊，形成了很多极具特色的广袤沼泽湿地，水生资源十分丰富，并因此而赢得了"水乡泽国"和"鱼米之乡"的美誉。

在区域经济迅猛发展的今天，生物资源作为一种战略性资源的重要性日益凸显。如何处理好现代化经济发展与资源保护和开发利用的关系，构建人与自然和谐发展的生态结构，不仅是国家与各级地方政府的核心职能之一，也是我们每一位科技工作者责无旁贷的一项重要研究课题。科普的社会化程度，决定了社会文明的进步。换言之，生态文明的建设需要社会公众的积极参与，而提高广大民众对生物资源价值的了解以及对环境保护意义的认识，则成为鼓励其参与的重要前提。华中地区作为我国多民族聚集的主要区域之一，科普教育显得尤其重要。

近年来，受益于党和国家的高度重视，民族高校普遍得到了较快的发展。中南民族大学位于九省通衢、科技力量相对较强的武汉市，区位优势明显，发展尤为迅速。学校以服务民族地区为宗旨，在相关学科的建设方面进行了科学布局，引进、培养和储备了一大批有志于生物资源保护和利用的中青年研究骨干。《华中地区植物资源专题系列丛书》的策划与编撰，是这批中青年学者用实际行动对国家、社会各界关心支持所做出的回报。丛书立足于华中地区，根据区内不同地理单元、生态环境、不同民族及其历史文化对生物资源保护和利用的特点，兼顾科学性、实用性与科普性，旨在为地方政府制定生态文明建设相关政策提供依据，在合理利用生物资源、促进区域经济发展的同时，提高社会大众对环境和生物资源保护的认识。丛书以李时珍故里蕲春县的药用、食用水生植物为第一册，既是对这位中华医药史上杰出人才的深切怀念，也体现了对中华民族传统医药学研究的坚定和传承。我尤其寄望于丛书的出版，能够唤起和激励更多的青年学者、学子投身于生物资源与生态环境保护研究的行列之中，为我国，特别是民族地区生物资源的研究作出更多的贡献。

是为序。

李金林

中南民族大学校长

2017年6月于武汉

前言

中医药学不仅为中华文明的发展作出了重要贡献，而且对世界文明的进步产生了积极的影响。近年来，国务院办公厅发布了《中医药健康服务发展规划(2015—2020年)》，该规划是我国首个中医药健康服务发展的国家级规划，其中明确提出要加快发展中医药健康服务，提升中医药对国民经济和社会发展的贡献，使其成为我国健康服务业的重要力量和国际竞争力的重要体现。

蕲春地处湖北东部，大别山南麓，长江中游北岸，是伟大医药学家李时珍的故乡，拥有丰富的中药材资源和较好的医药经济基础，是我国中药材的主要产区和商业基地。发展中医药产业对蕲春乃至全国中医药和社会经济的发展、构建和谐社会、提高全民的生存和生活质量具有重要意义。

《本草纲目》一书可谓家喻户晓、妇孺皆知。然而，真正能在野外准确识别其中所记载药用植物的，并不多见。为了更好地提高人们识别药用植物的能力，提高对蕲春药用植物的认知度，促进地方经济发展，有必要出版一本关于医圣故里的药用植物彩色图鉴。《蕲春水生药用植物图鉴及使用指南》的出版正是这一目的具体体现。

《蕲春水生药用植物图鉴及使用指南》是作者多年野外考察及标本整理的成果。值得一提的是，本书的作者有几位都是土生土长或长期在蕲春工作的人员。本书内容丰富，记载了植物69科176种。每种植物附有彩色图片，直观生动，集科学性、实用性和趣味性于一体，不仅有助于人们对蕲春药用、食用水生植物的识别和利用，而且富有较强的观赏性，给人以美的享受。本书重点介绍了蕲春的水生药用植物资源及其药用价值，为蕲春的药用植物资源保护及其利用提供了科学依据，有利于弘扬中华传统医药文化。

本书可供药用资源保护与利用、湿地保护与管理以及相关工作人员使用。同时，也可作为广大药用植物爱好者和使用者的参考书。

感谢中南民族大学校长李金林为本书作序。

本书的出版得到了：

科技部基础性工作专项（A类）"武陵山区生物多样性综合科学考察"（项目编号：2014FY110100）；

中南民族大学生物学博士点建设专项；

中南民族大学民族药学"十二五"国家级实验教学示范中心建设项目；

中南民族大学基本科研业务费中央专项；

中南民族大学"武陵山区特色资源植物种质保护与综合利用"湖北省重点实验室建设专项资助。

由于编者水平有限，书中难免有疏漏和不当之处，恳请大家批评指正。

编者

2017年6月于武汉

目 录

蕲春水生药用植物图鉴及使用指南

第一部分

水生植物药用篇

石松科 Lycopodiaceae

1 石松 *Lycopodium japonicum*

科属：石松科 Lycopodiaceae　石松属 *Lycopodium*

别名：寸金草、过山龙、玉柏

形态特征：多年生草本。匍匐茎蔓生，分枝有叶疏生。直立茎高15～30厘米，分枝；营养枝多回分叉，叶针形，先端有易脱落的芒状长尾；孢子枝从第二、第三年营养枝上长出；孢子囊穗长2.5～5厘米，通常2～6个生于孢子枝的上部；孢子叶卵状三角形，孢子囊肾形。7～8月间孢子成熟。

生境与分布：生于海拔290～3000米的林缘、疏林下、路边、山坡及草丛间。

药用价值：

【性味】微苦、辛，温，无毒。

【归经】归肝经、脾经、肾经。

【功能主治】全草可入药。有祛风除湿、舒筋活络、强腰功效。用于风寒湿痹、皮肤麻木、四肢软弱、跌打损伤。

3

2 翠云草 *Selaginella uncinata*

科属：卷柏科 Selaginellaceae　卷柏属 *Selaginella*

别名：龙须、蓝草、烂皮蛇

形态特征：主茎先直立而后攀援状，长50～100厘米或更长。主茎自近基部羽状分枝。侧叶不对称，主茎上的明显大于侧枝上的。孢子叶穗紧密，四棱柱形，单生于小枝末端；孢子叶一形，卵状三角形，龙骨状；大孢子叶分布于孢子叶穗下部的下侧或中部的下侧或上部的下侧。大孢子灰白色或暗褐色；小孢子淡黄色。

生境与分布：生于海拔50～1200米山谷林下。中国特有，其他国家也有栽培。

药用价值：

【性味】甘、淡、凉。

【归经】归肺经、肾经、肝经、膀胱经。

【功能主治】清热利湿，止血，止咳。用于急性黄疸型传染性肝炎、胆囊炎、肠炎、痢疾、肾炎水肿、泌尿系感染、风湿关节痛、肺结核咯血。外用治疗肿、烧烫伤、外伤出血、跌打损伤。

3 问荆 *Equisetum arvense*

科属：木贼科 Equisetaceae　木贼属 *Equisetum*

别名：接续草、空心草、节节草

形态特征：根茎斜升，直立和横走，黑棕色，节和根密生黄棕色长毛或光滑无毛。枝二型。能育枝春季先萌发，孢子散后能育枝枯萎。不育枝后萌发，高达40厘米，绿色，轮生分枝多，主枝中部以下有分枝。孢子囊穗圆柱形，顶端钝，成熟时柄伸长，柄长3～6厘米。

生境与分布：生于海拔0～3700米溪边或阴谷。常见于河道沟渠旁、疏林、荒野和路边、潮湿的草地、沙土地、耕地、山坡及草甸等处。分布我国大部分地区。

药用价值：

【性味】苦、凉。

【归经】归肺经、胃经、肝经、膀胱经。

【功能主治】全草入药。清热、凉血、止咳平喘、利尿、平肝明目。治鼻衄、吐血、咯血、便血、崩漏、外伤出血、淋病。止血用于鼻衄、肠出血、咯血、痔出血、月经过多、淋证、骨折。

4 草问荆 *Equisetum pratense*

科属：木贼科 Equisetaceae　木贼属 *Equisetum*

别名：马胡须

形态特征：多年生草本。根茎黑褐色，匍匐。春季孢子囊茎稍呈肉质，淡褐色；叶鞘长 1～1.5（～1.7）厘米，叶鞘齿分离，长三角形，长尖，中部棕褐色，边缘白色膜质。孢子囊穗钝头；孢子成熟时，茎先端枯萎，产生分枝，渐变绿色；茎常单一，具锐棱及刺状突起，分枝细长，常水平或成直角开展，分枝叶鞘齿三角形。

生境与分布：喜潮湿，生长在海拔 500～2800 米的森林、灌木丛、草地或山沟林缘中。产于中国黑龙江、吉林、内蒙古、河北、山西、陕西、甘肃、新疆、山东、河南、湖北、湖南。日本、欧洲、北美洲有分布。

药用价值：

【归经】归肺经、胃经、肝经。

【功能主治】动脉粥样硬化；小便涩痛不利；肠道寄生虫病。活血药；利尿药；驱虫药。

5 笔管草 *Equisetum ramosissimum subsp. debile*

科属：木贼科 Equisetaceae　木贼属 *Equisetum*

别名：大节谷草、锁眉草、笔杆草

形态特征：根茎直立和横走，黑棕色，节和根密生黄棕色长毛或光滑无毛。地上枝多年生。枝一型，高可达60厘米或更多。主枝有脊10～20条，脊的背部弧形；鞘筒短，下部绿色，顶部略为黑棕色；鞘齿10～22枚。孢子囊穗短棒状或椭圆形，长1～2.5厘米，无柄。

生境与分布：生于干山坡、固定沙丘、沙质地、山坡、灌丛、林缘、路旁等处。分布于我国东北及黄河流域以北各省区。

药用价值：

【性味】味微苦，性寒。

【归经】归肺经、肝经、膀胱经。

【功能主治】疏风止泪退翳，清热利尿，祛痰止咳。主治目赤肿痛、角膜云翳、肝炎、咳嗽、支气管炎、泌尿系感染、小便热涩疼痛、尿路结石。

6 井栏边草 *Pteris multifida*

科属：凤尾蕨科 Pteridaceae　　凤尾蕨属 *Pteris* L.

别名：凤尾草、井口边草、山鸡尾

形态特征：植株高30～45厘米。根状茎短而直立。叶多数，密而簇生，明显二型；不育叶柄长15～25厘米，粗1.5～2厘米；叶片卵状长圆形，一回羽状，羽片通常3对，对生，斜向上，无柄，线状披针形；能育叶有较长的柄，羽片4～6对，狭线形。

生境与分布：为钙质土指示植物。常生于阴湿墙脚、井边和石灰岩石上，在有蔽阴、无日光直晒和土壤湿润、肥沃、排水良好的处所生长最盛。

药用价值：

【性味】微苦、凉。

【归经】归肺经。

【功能主治】全草可入药，能清热利湿、解毒、凉血、收敛、止血、止痢。治肝炎、痢疾、肠炎、尿血、便血、咽喉痛、鼻衄、腮腺炎、痈肿、湿疹。

7 紫萁 *Osmunda japonica*

科属：紫萁科 Osmundaceae　紫萁属 *Osmunda*

别名：薇菜、老虎牙、黑背龙

形态特征：植株高50～80厘米或更高。叶簇生，直立，柄长20～30厘米，禾秆色；叶片为三角广卵形，顶部一回羽状，其下为二回羽状；羽片3～5对，对生，斜向上，奇数羽状；小羽片5～9对，对生或近对生。孢子叶（能育叶）同营养叶等高，或经常稍高，沿中肋两侧背面密生孢子囊。

生境与分布：多生于山地林缘、坡地草丛中；高山区酸性土冷湿气候地带分布茂密。

药用价值：

【性味】苦，微寒。

【归经】归肺经。

【功能主治】清热解毒，止血。用于痢疾、崩漏、白带。幼叶上的绵毛，外用治创伤出血。

8 乌蕨 *Stenoloma chusanum*

科属：鳞始蕨科 Lindsaeaceae　乌蕨属 *Stenoloma*

别名：乌韭、土川黄连、本川连

形态特征：植株高达65厘米。叶近生，叶柄长达25厘米；叶片披针形，长20～40厘米，宽5～12厘米，四回羽状；羽片15～20对，互生。孢子囊群边缘着生，每裂片上一枚或二枚；囊群盖灰棕色，革质。

生境与分布：生林下或灌丛中阴湿地，海拔200～1900米。产浙江南部、福建、湖南、湖北、四川、贵州及云南。

药用价值：

【性味】微苦，性寒、涩。

【归经】归肺经、肝经、肾经。

【功能主治】具有清热解毒、利湿、止血的功效。主治感冒发热、咳嗽、咽喉肿痛、肠炎、痢疾、肝炎、湿热带下、痈疮肿毒、疼腮、口疮、烫火伤、毒伤、狂犬咬伤、皮肤湿疹、吐血、尿血、便血和外伤出血。

【民族用药】

[傈僳药] 打俄很冷：全草治感冒发热、肝炎、痢疾、肠炎、毒蛇咬伤、烫火伤等《怒江药》。

[畲药] 凤尾蕨，凤尾草，土黄连：全草治菌痢、胃肠炎、尿道炎、吐血、便血、尿血《畲医药》。

[土家药] 阉鸡尾（yān jī yì）：全草治咯血、尿血、呕血、摆白《土家药》。

13

9 粗梗水蕨 *Ceratopteris pteridoides*

科属：水蕨科 Pteridaceae　水蕨属 *Ceratopteris* Brongn

别名：水松草

形态特征：通常漂浮，植株高 20～30 厘米；叶柄、叶轴与下部羽片的基部均显著膨胀成圆柱形。叶二型；不育叶为深裂的单叶，绿色，柄长约 8 厘米，粗约 1.6 厘米，叶片卵状三角形，裂片宽带状；能育叶幼嫩时绿色，成熟时棕色，光滑，柄长 5～8 厘米，粗 1.2～2.7 厘米；叶片长 15～30 厘米，阔三角，2～4 回羽状；末回裂片边缘薄而透明，强裂反卷达于主脉，覆盖孢子囊。孢子囊沿主脉两侧的小脉着生，幼时为反卷的叶缘所覆盖。

生境与分布：成片漂浮于湖沼、池塘中。产于我国长江以南各省以及东南亚、中南美洲、印度东部等。

药用价值：

【性味】甘，淡，凉，苦。

【归经】归脾经、胃经、大肠经。

【功能主治】本种可供药用，茎叶入药可治胎毒，消痰积。

15

10 水蕨 *Ceratopteris thalictroides*

科属：水蕨科 Pteridaceae　水蕨属 *Ceratopteris* Brongn

别名：水松草、水芹菜、水柏枝

形态特征：植株幼嫩时呈绿色，高可达70厘米。根状茎短而直立，以一簇粗根着生于淤泥。叶簇生，二型。不育叶的柄长3～40厘米，粗10～13厘米，肉质，不膨胀；叶片直立或幼时漂浮，二至四回羽状深裂，裂片5～8对，互生。能育叶的柄与不育叶的相同；孢子囊沿能育叶的裂片主脉两侧的网眼着生，棕色，幼时为连续不断的反卷叶缘所覆盖，成熟后多少张开，露出孢子囊。孢子四面体形。

生境与分布：生池沼、水田或水沟的淤泥中，有时漂浮于深水面上。产广东、台湾、福建、江西、浙江、山东、江苏、安徽、湖北、四川、广西、云南等省区。

药用价值：

【性味】甘苦，寒，无毒，甘淡，凉。

【归经】归脾经、胃经、大肠经。

【功能主治】祛瘀拔毒，镇咳，化痰，止痢，止血。主治胎毒、痰积、跌打损伤、咳嗽、痢疾、淋浊。外用治外伤出血。活血，解毒。

11 蘋 *Marsilea quadrifolia*

科属：蘋科Marsileaceae　蘋属*Marsilea*

别名：四叶菜、田字草、四面金钱草

形态特征：植株高5～20厘米。根状茎细长横走，分枝，顶端被有淡棕色毛。叶柄长5～20厘米；叶片由4片倒三角形的小叶组成，呈十字形，长宽各1～2.5厘米。孢子果双生或单生于短柄上，而柄着生于叶柄基部，长椭圆形，幼时被毛，褐色，木质，坚硬。一个大孢子囊内只有一个大孢子，而小孢子囊内存多数小孢子。

生境与分布：常见于水池或稻田中。温带及亚热带均有分布，广布长江以南各省区。

药用价值：

【性味】甘，寒。

【归经】归肺经、肝经、膀胱经。

【功能主治】清热，利水，解毒，止血。治风热目赤，肾炎，肝炎，疟疾，消渴，吐血，衄血，热淋，尿血，痈疮，瘰疬。

12 贯众 *Cyrtomium fortunei*

科属：鳞毛蕨科 Dryopteridaceae　贯众属 *Cyrtomium* Presl

别名：小贯众、小金鸡尾、小叶山鸡尾

形态特征：植株高25～50厘米。根茎直立，密被棕色鳞片。叶簇生，叶柄长12～26厘米；叶片矩圆披针形，长20～42厘米，宽8～14厘米，奇数一回羽状。叶为纸质，两面光滑。孢子囊群遍布羽片背面；囊群盖圆形，盾状，全缘。

生境与分布：生于水沟边、路旁、石上及阴湿处。分布长江流域。

药用价值：

【性味】苦，微寒，有小毒，味苦涩。

【归经】归肺经、肝经、大肠经。

【功能主治】清热解毒，凉血息风，散瘀止血，驱钩、蛔、绦、蛲诸虫。主治感冒，热病斑疹，痧秽中毒，疟，痢，肝炎，肝阳眩晕头痛，吐血便血，血崩，带下，乳痈，瘰疬，跌打损伤。

13 槐叶苹 *Salvinia natans*

科属：槐叶苹科 Saliviniaceae　槐叶苹属 *Salvinia*

别名：槐叶萍、蜈蚣萍、大浮萍

形态特征：漂浮于水面上的水生植物。茎细长，横走，无根。叶3片轮生，二片漂浮水面，一片细裂如丝，在水中形成假根，密生有节的粗毛，水面叶在茎两侧紧密排列，形如槐叶。孢子果4～8枚聚生于水下叶的基部。大孢子果小，生少数有短柄的大孢子囊，小孢子果略大，生多数具长柄的小孢子囊，各有64个小孢子。

生境与分布：生于水田、沟塘和静水溪河内。从中国东北到长江以南地区都有分布。

药用价值：

【性味】辛，寒，味苦。

【归经】入热经。

【功能主治】清热解毒，消肿止痛。用于瘀血积痛，痈肿疔毒，烧、烫伤。外用适量，捣烂敷，或焙干研粉调敷患处。

14 满江红 *Azolla pinnata* subsp. *asiatica*

科属：满江红科 Azollaceae　满江红属 *Azolla*

别名：红萍、红浮漂、红浮萍

形态特征：小型漂浮植物。植物体呈卵形或三角状。叶小如芝麻，覆瓦状排列成两行，叶片深裂分为背裂片和腹裂片两部分。背裂片长圆形或卵形，肉质，绿色，但在秋后常变为紫红色；腹裂片贝壳状，无色透明，多少饰有淡紫红色。孢子果双生于分枝处。

生境与分布：生于水田和静水沟塘中。广布于长江流域和南北各省区。朝鲜、日本也有。

药用价值：

【性味】辛，寒。

【归经】入热经。

【功能主治】祛风除湿，发汗透疹。用于风湿疼痛，麻疹不透，胸腹痞块，带下病，烧、烫伤。

二、双子叶植物——离瓣花亚纲

15 三白草 *Saururus chinensis*

科属：三白草科 Saururaceae　三白草属 *Saururus*

别名：白水鸡、田三白、白面姑

形态特征：湿生草本，高约1米余；茎粗壮。叶纸质，密生腺点。花序白色，长12～20厘米；总花梗长3～4.5厘米；苞片近匙形；雄蕊6枚，花丝比花药略长。果近球形，表面多疣状凸起。花期4～6月。

生境与分布：生于低湿沟边、塘边或溪旁。产于河北、山东、河南和长江流域及其以南各省区。

药用价值：

【性味】甘，辛，寒。

【归经】归肺经、膀胱经。

【功能主治】全株药用。清热解毒，利尿消肿。用于小便不利、淋漓涩痛、白带、尿路感染、肾炎水肿。外治疮疡肿毒、湿疹。

【民族用药】

[水药] 邱南：根治肾炎水肿《水医药》。

[土家药] 白鹤莲（bái hè lián）：根茎治头晕头胀、摆白、遗精、风疹块《土家药》。

[瑶药] 大叶鱼腥草，棵通坳来，钻地风：功用同苗族《桂药编》。过塘藕：用于尿路感染，水肿，尿结石。

[壮药] 苯水，侧八念，棵汗亥，美根罢，笋笔草：功用同苗族《桂药编》。

16 蕺菜 *Houttuynia cordata*

科属：三白草科 Saururaceae　蕺菜属 *Houttuynia*

别名：鱼腥草、狗蝇草、臭菜、狗贴耳

形态特征：腥臭草本，高30～60厘米；茎下部伏地，有时带紫红色。叶薄纸质，有腺点，背面尤甚，卵形或阔卵形，基部心形，背面常呈紫红色；托叶膜质，长1～2.5厘米，基部扩大，略抱茎。花序长约2厘米，宽5～6毫米；总花梗长1.5～3厘米；总苞片长圆形或倒卵形；雄蕊长于子房。蒴果。花期4～7月。

生境与分布：生于沟边、溪边或林下湿地。产于中国中部、东南至西南部各省区。

药用价值：

【性味】味辛，性温，有小毒。

【归经】入热经、肺经。

【功能主治】全株入药。清热解毒，消痈排脓，利尿通淋。用于肺痈、肺热咳嗽、小便淋痛、水肿。外用于痈肿疮毒、毒蛇咬伤。

【民族用药】

［布朗药］杷歪：全株外用于洗疮痈，天泡疮《滇省志》。

［布依药］戈便外：根或全草主治肺痨咳嗽《民族药志一》。

［景颇药］厅克：全株治哮喘、肺炎《滇省志》《民族药志一》。

［基诺药］杷咖睹：全株治肺炎、支气管炎《滇省志》《民族药志一》。

［朝药］哦声嘈，则车：全草主治肺炎《民族药志一》。

［怒药］郝遮：全草主治感冒咳嗽、肺炎《民族药志一》《滇省志》。

［水药］骂伟邯，折耳根，肺形草：根治肺炎《水医药》。

［土家药］尚岩席：全草治痢疾、肺热吐脓；外用治青水疮、疮疖痈痛《土家药》。

17 水麻 *Debregeasia orientalis*

科属：荨麻科 Urticaceae　水麻属 *Debregeasia* Gaud

别名：柳莓、水麻桑、赤麻

形态特征：灌木，高达 1～4 米，小枝纤细，暗红色。 叶纸质或薄纸质；托叶披针形。花序雌雄异株，稀同株，生上年生枝和老枝的叶腋，2回二歧分枝或二叉分枝，雄的团伞花簇直径 4～6 毫米，雌的直径 3～5 毫米。雄花在芽时扁球形；花被片 4；雄蕊 4；退化雌蕊倒卵形。雌花倒卵形；柱头画笔头状。瘦果小浆果状，鲜时橙黄色，宿存花被肉质紧贴生于果实。花期 3～4 月，果期 5～7 月。

生境与分布：生于海拔 700～1600 米的山坡溪边。分布于广西、四川、甘肃、陕西、台湾、湖北、湖南、贵州、云南、西藏等地。

药用价值：

【性味】辛、微苦，平。

【归经】归肺经。

【功能主治】主要以茎皮、叶入药。清热利湿、止血解毒。主小儿疳积、头疮、中耳炎、急惊风，风湿关节痛，咯血，痈疖肿毒。

18 水蓼 *Polygonum hydropiper*

科属：蓼科 Polygonaceae　蓼属 *Polygonum*

别名：白辣、红辣蓼蓼子、散枝水蓼

形态特征：一年生草本，高 40 ～ 70 厘米。茎直立，多分枝，节部膨大。叶披针形或椭圆状披针形，顶端渐尖，基部楔形，边缘全缘，具缘毛，被褐色小点；托叶鞘筒状，膜质。总状花序呈穗状，顶生或腋生，长 3 ～ 8 厘米，通常下垂；苞片漏斗状；花被 5 深裂，稀 4 裂，绿色，上部白色或淡红色；雄蕊 6，稀 8；花柱 2 ～ 3，柱头头状。瘦果卵形，双凸镜状或具 3 棱。花期 5 ～ 9 月，果期 6 ～ 10 月。

生境与分布：生河滩、水沟边、山谷湿地，海拔 50 ～ 3500 米。

药用价值：

【性味】辛、平、无毒。

【归经】归肺经、胃经。

【功能主治】全草入药，化湿，行滞，祛风，消肿。治痧秽腹痛，吐泻转筋，泄泻，痢疾，风湿，脚气，痈肿，疥癣，跌打损伤。

19 酸模叶蓼 *Polygonum lapathifolium*

科属：蓼科Polygonaceae　蓼属*Polygonum*

别名：马蓼、大马蓼、旱苗蓼、斑蓼、柳叶蓉

形态特征：一年生草本，高40～80厘米。主根弯曲。茎上部直立，单一或分枝。叶互生；有短柄，有硬刺毛；叶片披针形或狭披针形，上面常有褐色斑点，背面绿色，先端长渐尖，基部楔形，主脉及叶缘有硬刺毛；托叶鞘筒状，膜质，有稀疏伏柔毛，先端截形，有短睫毛。花多数，集成圆锥花序，顶生或腋生；花密生，长1.5～5厘米，常直立，苞漏斗状，紫红色，先端斜形，花被粉红色或白色，通常5深裂，覆瓦状排列；雄蕊7或8，6枚能育；花柱2，稀3。瘦果黑褐色。花、果期6～9（10）月。

生境与分布：生于海拔30～3900米的田边、路旁、水边、荒地或沟边湿地。分布于我国东北、华北、华东、西南及陕西、河南、湖北等地。

药用价值：

【性味】辛、苦、性温。

【归经】归肺经、脾经、大肠经。

【功能主治】全草入药，发汗除湿，消食，杀虫。主治风寒感冒、风寒湿痹、伤食泄泻及肠道寄生虫病。

20 绵毛酸模叶蓼 *Polygonum lapathifolium var. salicifolium*

科属：蓼科 Polygonaceae　蓼属 *Polygonum*

别名：绵毛马蓼、白绒蓼、白毛蓼、白胖子

形态特征：一年生草本，茎直立，高50～100厘米，具分枝。叶互生，披针形或宽披针形，长5～12厘米，宽1.5～3厘米，叶面绿色，全缘，叶缘及主脉覆粗硬毛，叶背密生灰白色绵毛，绵毛脱落后常具棕黄色小点；具柄，柄上有短刺毛；托叶鞘筒状，膜质。穗状花序，数个花序排列成圆锥状；苞片膜质；花被4深裂，裂片椭圆形，淡绿色或粉红色；雄蕊6，花柱2，向外弯曲。瘦果，红褐色至黑褐色，包于宿存的花被内。

生境与分布：喜欢生于农田、路旁、河床等湿润处或低湿地。海拔30～3900米。在全国各地都有分布。

药用价值：

【性味】凉、寒。

【归经】归肺经、脾经、大肠经。

【功能主治】全草入药，祛风利湿，清热解毒，有健脾、活血、截疟的功效，主治疮疡肿痛、暑湿腹泻、肠炎痢疾、小儿疳积、跌打伤疼、疟疾。

21 红蓼 *Polygonum orientale*

科属：蓼科 Polygonaceae 蓼属 *Polygonum*

别名：东方蓼、白胖蓼、大红花、狗尾巴花、荭草、红草

形态特征：一年生草本植物。茎直立，粗壮，高1～2米，上部多分枝，密被开展的长柔毛。叶宽卵形、宽椭圆形或卵状披针形，顶端渐尖，基部圆形或近心形，边缘全缘，密生缘毛，两面密生短柔毛；托叶鞘筒状，膜质。总状花序呈穗状，顶生或腋生，长3～7厘米，花紧密，微下垂，通常数个再组成圆锥状；苞片宽漏斗状，每苞内具3～5花；花被5深裂，淡红色或白色；雄蕊7；花盘明显；花柱2，柱头头状。瘦果近圆形，双凹，黑褐色，包于宿存花被内。花期6～9月，果期8～10月。

生境与分布：生沟边湿地、村边路旁，海拔30～2700米。除西藏外，广布于中国各地。

药用价值：

【性味】辛，性平，小毒。

【归经】归肝经、脾经。

【功能主治】祛风除湿，清热解毒，活血，截疟。主治风湿痹痛、痢疾、腹泻、吐泻转筋、水肿、脚气、痈疮疔疖、蛇虫咬伤、小儿疳积疝气、跌打损伤、疟疾。

22 羊蹄 *Rumex japonicus*

科属：蓼科 Polygonaceae 酸模属 *Rumex*

别名：金不换、牛大黄、野大黄

形态特征：多年生草本。茎直立，高50～100厘米，上部分枝，具沟槽。基生叶长圆形或披针状长圆形，顶端急尖，基部圆形或心形；茎上部叶狭长圆形；叶柄长2～12厘米；托叶鞘膜质，易破裂。花序圆锥状，花两性，多花轮生；花梗细长，中下部具关节；花被片6，外花被片椭圆形，内花被片果时增大，宽心形，顶端渐尖，基部心形，边缘具不整齐的小齿，全部具小瘤。瘦果宽卵形，具3锐棱，两端尖，暗褐色。花期5～6月，果期6～7月。

生境与分布：生田边路旁、河滩、沟边湿地，海拔30～3400米。产东北、华北、陕西、华东、华中、华南、四川及贵州。

药用价值：

【性味】苦、酸，寒。

【归经】归脾经、胃经、肝经、大肠经、膀胱经。

【功能主治】根入药，清热解毒，止血，通便，杀虫。主治用于鼻出血、功能性子宫出血、血小板减少性紫癜、慢性肝炎、肛门周围炎、大便秘结；外用治外痔、急性乳腺炎、黄水疮、疖肿、皮癣。

23 杠板归 *Polygonum perfoliatum*

科属：蓼科Polygonaceae 蓼属*Polygonum*

别名：刺犁头、贯叶蓼、河白草

形态特征：一年生草本。茎攀援，多分枝，长1～2米，具纵棱，沿棱具稀疏的倒生皮刺。叶三角形，顶端钝或微尖，基部截形或微心形，下面沿叶脉疏生皮刺；叶柄与叶片近等长，具倒生皮刺，盾状着生于叶片的近基部；托叶鞘叶状，穿叶。总状花序呈短穗状，不分枝顶生或腋生，长1～3厘米；苞片卵圆形，每苞片内具花2～4朵；花被5深裂，白色或淡红色；雄蕊8，略短于花被；花柱3；柱头头状。瘦果球形，黑色，包于宿存花被内。花期6～8月，果期7～10月。

生境与分布：常生于山谷、灌木丛中或水沟旁、田边、路旁，海拔80～2300米。广布中国大部分地区。

药用价值：

【性味】酸，微寒。

【归经】归肺经、膀胱经。

【功能主治】清热解毒，利水消肿，止咳。主治咽喉肿痛、肺热咳嗽、小儿顿咳、水肿尿少、湿热泻痢、湿疹、疔肿、蛇虫咬伤。

24 虎杖 *Reynoutria japonica*

科属：蓼科 Polygonaceae　虎杖属 *Reynoutria* Houtt

别名：活血龙、大活血、大接骨

形态特征：多年生草本。根状茎粗壮，横走。茎直立，高1～2米，粗壮，空心，具明显的纵棱，具小突起，散生红色或紫红斑点。叶宽卵形或卵状椭圆形，近革质，顶端渐尖，基部宽楔形、截形或近圆形，边缘全缘；叶柄长1～2厘米；托叶鞘膜质。花单性，雌雄异株，花序圆锥状，腋生；苞片漏斗状，每苞内具2～4花；花被5深裂，雄花花被片具绿色中脉，无翅，雄蕊8，比花被长；雌花花被片外面3片背部具翅，果时增大，翅扩展下延，花柱3。瘦果，黑褐色，包于宿存花被内。花期8～9月，果期9～10月。

生境与分布：生山坡灌丛、山谷、路旁、田边湿地，海拔140～2000米。产陕西南部、甘肃南部、华东、华中、华南、四川、云南及贵州。

药用价值：

【性味】微苦，微寒。

【归经】归肝经、胆经、肺经。

【功能主治】清热解毒，利胆退黄，祛风利湿，散瘀定痛，止咳化痰。用于关节痹痛、湿热黄疸、经闭、癥瘕、咳嗽痰多、水火烫伤、跌打损伤、痈肿疮毒。

25 酸模 *Rumex acetosa*

科属：蓼科Polygonaceae 酸模属*Rumex*

别名：酸溜溜、大黄药菜、野菠菜、遏蓝菜、田鸡脚

形态特征：多年生草本。根为须根。茎直立，高40～100厘米，具深沟槽，通常不分枝。基生叶和茎下部叶箭形，顶端急尖或圆钝，基部裂片急尖；叶柄长2～10厘米；托叶鞘膜质，易破裂。花序狭圆锥状，顶生；花单性，雌雄异株；花梗中部具关节；花被片6，成2轮，雄花内花被片椭圆形，雄蕊6；雌花内花被片果时增大，近圆形，全缘，基部心形；瘦果椭圆形，具3锐棱，黑褐色。花期5～7月，果期6～8月。

生境与分布：产我国南北各省区。生山坡、林缘、沟边、路旁，海拔400～4100米。

药用价值：

【性味】酸、苦，寒。

【归经】归肺经。

【功能主治】凉血，解毒，通便，杀虫。用于内出血、痢疾、便秘、内痔出血。外用治疥癣、疔疮、神经性皮炎、湿疹。

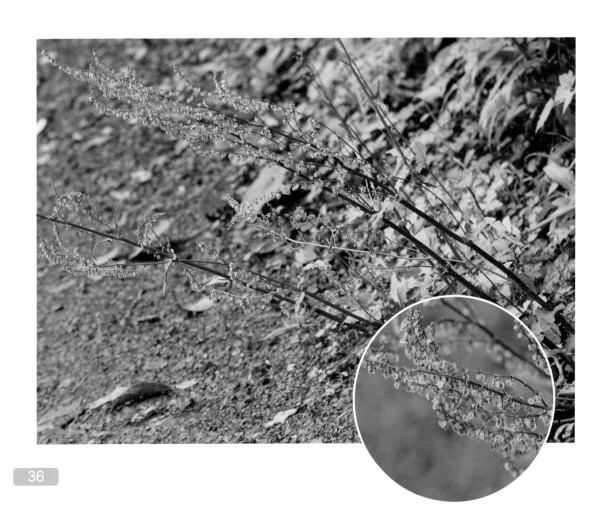

26 齿果酸模 *Rumex dentatus*

科属：蓼科 Polygonaceae　酸模属 *Rumex*

别名：滨海酸模、牛儿大黄、牛舌草、羊蹄、齿果羊蹄

形态特征：一年生草本。茎直立，高30～70厘米，自基部分枝，枝斜上，具浅沟槽。茎下部叶长圆形或长椭圆形，顶端圆钝或急尖，基部圆形或近心形，茎生叶较小；叶柄长1.5～5厘米。花序总状，顶生和腋生，具叶由数个再组成圆锥状花序，长达35厘米，多花，轮状排列，花轮间断；花梗中下部具关节；外花被片椭圆形；内花被片果时增大，三角状卵形，顶端急尖，基部近圆形，全部具小瘤，边缘每侧具2～4个刺状齿；瘦果卵形，具3锐棱，两端尖，黄褐色。花期5～6月，果期6～7月。

生境与分布：生沟边湿地、山坡路旁，海拔30～2500米。产华北、西北、华东、华中、四川、贵州及云南。尼泊尔、印度、阿富汗、哈萨克斯坦及欧洲东南部也有。

药用价值：

【性味】味苦，性寒。

【归经】归肺经。

【功能主治】清热解毒，杀虫止痒。主治乳痈、疮疡肿毒、疥癣。

27 小酸模 *Rumex acetosella*

科属：蓼科 Polygonaceae　酸模属 *Rumex*

别名：莐、水酸模、线叶酸模

形态特征：多年生草本。根状茎横走。茎数条自根状茎发出，高15～35厘米。茎下部叶戟形，中裂片披针形或线状披针形；茎上部叶较小，叶柄短或近无柄；托叶鞘膜质，白色，常破裂。花序圆锥状，顶生，疏松，花单性，雌雄异株；花簇具2～7花；雄花内花被片椭圆形，雄蕊6；雌花内花被片果时不增大或稍增大。瘦果宽卵形，具3棱，黄褐色。花期6～7月，果期7～8月。

生境与分布：生山坡草地、林缘、山谷路旁，海拔400～3200米。产黑龙江、内蒙古、新疆、河北、山东、河南、江西、湖南、湖北、四川、福建及台湾。朝鲜、日本、蒙古、高加索、哈萨克斯坦、俄罗斯、欧洲及北美也有。

药用价值：

【功能主治】有清热、利尿、凉血、杀虫的功效，主治热痢、淋病、小便不通、吐血、恶疮、疥癣。

28 土荆芥 *Chenopodium ambrosioides*

科属：藜科 Chenopodiaceae　刺藜属 *Chenopodium* Linn

别名：鹅脚草、臭草、杀虫芥

形态特征：一年生或多年生草本，高50～80厘米，揉之有强烈臭气；茎直立，多分枝，具条纹。叶互生，披针形或狭披针形，下部叶较大，顶端渐尖，基部渐狭成短柄。花夏季开放，绿色，两性或部分雌性，组成腋生、分枝或不分枝的穗状花序；花被裂片5，少有3，结果时常闭合；雄蕊5枚；子房球形，柱头3或4裂，线形。胞果扁球形。

生境与分布：生于村旁、路边、旷野及河岸等地。分布于华东、中南、西南等地，北方各地常有栽培。

药用价值：

【性味】辛，苦，性微温，大毒。

【归经】脾经。

【功能主治】全草入药，祛风除湿、杀虫止痒、活血消肿。主治钩虫病、蛔虫病、蛲虫病、头虱、皮肤湿疹、疥癣、风湿痹痛、经闭、痛经、口舌生疮、咽喉肿痛、跌打损伤、蛇虫咬伤。果实含挥发油（土荆芥油），油中含驱蛔素，是驱虫有效成分。

29 莲子草 *Alternanthera sessilis*

科属：苋科 Amaranthaceae　莲子草属 *Alternanthera* Forsk

别名：满天星、白花仔、节节花、水牛膝

形态特征：多年生草本，高10～45厘米；茎上升或匍匐。叶片形状及大小有变化，条状披针形、矩圆形、倒卵形、卵状矩圆形。头状花序1～4个，腋生，无总花梗，初为球形，后渐成圆柱形；花密生，花轴密生白色柔毛；苞片及小苞片白色；苞片卵状披针形；花被片卵形，白色，顶端渐尖或急尖；雄蕊3；花柱极短，柱头短裂。胞果倒心形。花期5～7月，果期7～9月。

生境与分布：生于旷野路边、水边、田边潮湿处和村庄附近的草坡、水沟。产我国大部分地区。

药用价值：

【性味】微甘、淡，凉。

【归经】肺经、膀胱经。

【功能主治】全植物入药，清热凉血，利湿消肿，拔毒止痒。用于痢疾、鼻衄、咯血、便血、尿道炎、咽炎、乳腺炎、小便不利；外用治疮疖肿毒、湿疹、皮炎、体癣、毒蛇咬伤。

43

30 喜旱莲子草 *Alternanthera philoxeroides*

科属：苋科 Amaranthaceae　莲子草属 *Alternanthera* Forsk

别名：空心莲子草、空心苋、水花生、莲子草、革命草

形态特征：多年生草本；茎基部匍匐，上部上升，管状，不明显4棱。叶片矩圆形、矩圆状倒卵形或倒卵状披针形，顶端急尖或圆钝，全缘；花密生，成具总花梗的头状花序，单生在叶腋，球形；苞片及小苞片白色，顶端渐尖，具1脉；花被片矩圆形，白色；雄蕊花丝基部联合成杯状；子房倒卵形。果实未见。花期5～10月。

生境与分布：生长于海拔50～2700米的池沼和水沟内。主要在农田、空地、鱼塘、沟渠、河道等环境中生长。原产巴西，我国引种于北京、江苏、浙江、江西、湖南、福建，后逸为野生。1930年传入中国，是危害性极大的入侵物种，被列为中国首批外来入侵物种。

药用价值：

【性味】甘、苦，寒。

【归经】肺经、膀胱经。

【功能主治】清热凉血，利尿，解毒。用于麻疹、乙型脑炎、肺痨咯血、淋浊、缠腰火丹、疔疖、蛇咬伤。

31 粟米草 *Mollugo stricta*

科属：粟米草科 Molluginaceae　粟米草属 *Mollugo* L.

别名：飞蛇草、万能解毒草、鹅脚爪子草

形态特征：铺散一年生草本，高10～30厘米。茎纤细，多分枝，有棱角，无毛。叶3～5片假轮生或对生，叶片披针形或线状披针形，长1.5～4厘米，宽2～7毫米，顶端急尖或长渐尖，基部渐狭，全缘，中脉明显；叶柄短或近无柄。花极小，组成疏松聚伞花序，花序梗细长，顶生或与叶对生；花梗长1.5～6毫米；花被片5，淡绿色，椭圆形或近圆形，边缘膜质；雄蕊通常3，花丝基部稍宽；子房宽椭圆形或近圆形，3室，花柱3，线形。蒴果近球形，与宿存花被等长，3瓣裂；种子多数，肾形，栗色，具多数颗粒状凸起。花期6～8月，果期8～10月。

生境与分布：生于空旷荒地、农田和海岸沙地。产秦岭、黄河以南，东南至西南各地。

药用价值：

【性味】淡，平。

【功能主治】全草可供药用，清热解毒，利湿。用于腹痛泻泄、感冒咳嗽、皮肤风疹；外用治眼结膜炎、疮疖肿毒。

32 马齿苋 *Portulaca oleracea*

科属：马齿苋科 Portulacaceae　马齿苋属 *Portulaca*

别名：马苋、五行草、长命菜

形态特征：一年生草本。茎平卧或斜倚，伏地铺散，多分枝，圆柱形。茎紫红色，叶互生，有时近对生，叶片扁平，肥厚，倒卵形，似马齿状；花无梗，常3～5朵簇生枝端，午时盛开；萼片2，对生；花瓣5，稀4，黄色；雄蕊通常8，或更多；子房无毛，柱头4～6裂，线形。蒴果卵球形，盖裂。花期5～8月，果期6～9月。

生境与分布：生于菜园、农田、路旁，为田间常见杂草。广布全世界温带和热带地区。

药用价值：

【性味】酸，寒。

【归经】归肝经、大肠经。

【功能主治】地上部分（马齿苋）：酸，寒。清热解毒，凉血止血。用于热痢脓血，热淋，带下病，痈肿恶疮，丹毒。种子：明目，利大小肠。

【民族用药】

［藏药］马齿苋：全草主治赤白痢疾，赤白带下，肠炎，淋病；外用治疗疮丹毒《中国藏药》。

［布朗药］宗新朵：全草治头晕眼花《滇药录》。宗新朵：全株外用于头晕眼花《滇省志》。宗新朵：全草主治头晕眼花《民族药志二》。

［哈尼药］不泽：地上部分治痢疾、腹泻、血淋《滇药录》。不泽鲁沽茶：全株用于腹泻、痢疾、血淋《滇省志》。

［朝药］马齿苋：全草治清热解毒、止渴、杀虫、用于痢疾、诸肿恶疮、金疮、内痿《朝药志》。

［仫佬药］马有骂：全草治痢疾、肠炎腹泻、稻田皮炎《桂药编》。马有骂：全草主治痢疾、水田皮炎《民族药志二》。

［纳西药］布马：全草治肠炎、痢疾《滇药录》、《民族药志二》。

［畲药］酸苋鲜：全草主治肝炎《民族药志二》。

［德昂药］刀怀：功用同景颇族《德宏药录》。

［侗药］骂碑神：全草治痢疾、肠炎腹泻、骨折《桂药编》。

33 鹅肠菜 *Myosoton aquaticum*

科属：石竹科 Caryophyllaceae　鹅肠菜属 *Myosoton* Moench

别名：牛繁缕、鹅儿肠、海带丝

形态特征：二年生或多年生草本。茎上升，多分枝，长50～80厘米，上部被腺毛。叶片卵形或宽卵形。顶生二歧聚伞花序；苞片叶状，边缘具腺毛；花瓣白色，2深裂至基部，裂片线形或披针状线形；雄蕊10；子房长圆形，花柱短，线形。蒴果卵圆形，稍长于宿存萼。花期5～8月，果期6～9月。

生境与分布：生于荒地、路旁及较阴湿的草地。产我国南北各省。

药用价值：

【性味】咸；寒。

【归经】归肝经、肺经。

【功能主治】清热化痰、软坚散结。主治甲状腺肿、淋巴结肿、肺结核。

34 睡莲 *Nymphaea tetragona*

科属：睡莲科 Nymphaeaceae　睡莲属 *Nymphaea*

别名：子午莲、瑞莲、小莲花

形态特征：多年水生草本植物。叶纸质，心状卵形或卵状椭圆形，长5～12厘米，宽3.5～9厘米，基部具深弯缺，约占叶片全长的1/3，上面光亮，下面带红色或紫色；叶柄长达60厘米。花直径3～5厘米；花萼基部四棱形，萼片革质，宿存；花瓣白色，长2～2.5厘米，内轮不变成雄蕊；雄蕊比花瓣短；柱头具5～8辐射线。浆果球形。花期6～8月，果期8～10月。

生境与分布：生于池沼、湖泊中，一些公园的水池中常有栽培。在中国广泛分布。

药用价值：

【性味】甘、苦、平。

【归经】归肝经、脾经。

【功能主治】花用于小儿惊风。睡莲根茎富含淀粉，可食用或酿酒。根茎可入药，用于做强壮剂、收敛剂，可用于治疗肾炎。

35 莲 *Nelumbo nucifera*

科属：睡莲科 Nymphaeaceae　莲属 *Nelumbo*

别名：荷、荷花、莲花、水芙蓉

形态特征：多年生水生草本。根状茎横走，肥大而多节，白色，中有孔洞。节上生叶，叶圆形，高出水面，直径25～90厘米；叶柄着生于叶背中央，圆柱形，常有刺。花单生在花梗顶端，花苞初时呈笔头状，开放后直径10～20厘米，美丽，芳香；萼片4～5；花瓣多数，红色、粉红色或白色；雄蕊多数；心皮多数，离生，嵌生于花托穴内；花托于果期膨大，海绵质。坚果椭圆形或卵形，革质。花期5～8月，果期6～9月。

生境与分布：生于池塘、浅湖泊及稻田中。垂直分布可达海拔2000米。中国南北各省有自生或栽培。

药用价值：

【性味】甘，性平。

【归经】归心经、肝经。

【功能主治】荷叶和莲子都可以入药。收敛止血、滋补强壮、清心解暑、散瘀止血、消风祛湿，主治暑热烦渴。

36 芡 *Euryale ferox*

科属：睡莲科 Nymphaeaceae　芡属 *Euryale* Schrcb

别名：鸡头莲、鸡头米、刺莲藕、鬼莲

形态特征：一年生大型水生草本。沉水叶箭形或椭圆肾形，两面无刺；叶柄无刺；浮水叶革质，盾状，有或无弯缺，全缘，下面带紫色，有短柔毛，两面在叶脉分枝处有锐刺；叶柄及花梗粗壮，长可达25厘米，皆有硬刺。花长约5厘米；萼片披针形，内面紫色，外面密生稍弯硬刺；花瓣紫红色，成数轮排列，向内渐变成雄蕊；无花柱，柱头红色，成凹入的柱头盘。浆果球形，外面密生硬刺。花期7～8月，果期8～9月。

生境与分布：产我国南北各省，从黑龙江至云南、广东。生在池塘、湖沼中。

药用价值：

【性味】甘、涩，平。

【归经】归脾经、肾经。

【功能主治】种子供药用，宜于脾虚久泻。益肾固精，补脾止泻，祛湿止带。用于梦遗、滑精、遗尿、尿频，脾虚久泻，白浊，带下病。

【民族用药】

［畲药］鸡头子，鸡头，鸡嘴莲：种子治脾虚泄泻、滑精、遗精、尿频遗尿、白带、小儿营养不良《畲医药》。

［傣药］萝章管：种子治固肾涩精、补脾止泄、遗精带下、淋浊、小便不禁《傣医药》。

［瑶药］用于湿脾腰痛，白带，遗精。

37 金鱼藻 *Ceratophyllum demersum*

科属：金鱼藻科 Ceratophyllaceae　金鱼藻属 *Ceratophyllum*

别名：软草、灯笼丝、鱼草

形态特征：多年生沉水草本；茎长40～150厘米，平滑，具分枝。叶4～12轮生，1～2次二叉状分歧，裂片丝状，或丝状条形。花直径约2毫米；雄蕊10～16；子房卵形，花柱钻状。坚果，黑色，有3刺，顶生刺（宿存花柱）长8～10毫米，先端具钩，基部2刺向下斜伸。花期6～7月，果期8～10月。

生境与分布：群生于海拔2700米以下的淡水池塘、水沟、稳水小河、温泉流水及水库中。分布于中国（东北、华北、华东、台湾）。

药用价值：

【性味】淡，凉。

【归经】归肺经、脾经。

【功能主治】全草药用，止血。用于吐血、咳嗽。

38 茴茴蒜 *Ranunculus chinensis*

科属：毛茛科 Ranunculaceae　毛茛属 *Ranuculus*

别名：地桑葚、小回回蒜、鸭脚板

形态特征：一年生草本。须根多数簇生。茎直立粗壮，高20～70厘米，中空，有纵条纹，分枝多，与叶柄均密生开展的淡黄色糙毛。3出复叶，叶再分裂。花序有较多疏生的花，花梗贴生糙毛；花瓣5，黄色或上面白色；花托在果期显著伸长，圆柱形，长达1厘米，密生白短毛。聚合果长圆形；瘦果喙极短，多数着生于圆柱形密生短毛的花托上，扁平。花果期5～9月。

生境与分布：生于海拔700～2500米、平原与丘陵、溪边、田旁的水湿草地。分布于我国广大地区。

药用价值：

【性味】淡，微苦，温，有毒。

【归经】归肝经。

【功能主治】解毒退黄、截疟、定喘、镇痛。主治肝炎、黄疸、肝硬化腹水、疮癞、牛皮癣、疟疾、哮喘、牙痛、胃痛、风湿痛。全草药用，外敷引赤发泡，有消炎、退肿、截疟及杀虫之效。

注意：本品有毒，一般供外用。内服宜慎，并需久煎。外用对皮肤刺激性大，用时局部要隔凡士林或纱布。

39 石龙芮 *Ranunculus sceleratus*

科属：毛茛科 Ranunculaceae　毛茛属 *Ranuculus*

别名：野芹菜、水芹菜、鬼见愁

形态特征：一年生草本。须根簇生。茎直立，高10～50厘米，上部多分枝，具多数节。基生叶多数；叶片肾状圆形，基部心形，3深裂不达基部，裂片倒卵状楔形；叶柄长3～15厘米，近无毛。茎生叶多数，下部叶与基生叶相似；上部叶较小，3全裂，裂片披针形至线形。聚伞花序有多数花；花托伸长被毛，花小，花瓣5，倒卵形；雄蕊10多枚。聚合果长圆形；瘦果极多数，倒卵球形。花果期5～8月。

生境与分布：全国各地均有分布。生于河沟边及平原湿地。在亚洲、欧洲、北美洲的亚热带至温带地区广布。

药用价值：

【性味】寒、苦、辛、平。有毒。

【归经】归心经、肺经。

【功能主治】消肿，拔毒散结，截疟。用于淋巴结结核、疟疾、痈肿、蛇咬伤、慢性下肢溃疡。

注意：不能内服。误食可致口腔灼热，随后肿胀，咀嚼困难，剧烈腹泻，脉搏缓慢，呼吸困难，瞳孔散大，严重者可致死亡。中毒早期可用0.2％高锰酸钾溶液洗胃，服蛋清及活性炭，静脉滴注葡萄糖盐水，腹剧痛时可用阿托品等对症治疗。皮肤及黏膜误用或过量，可用清水、硼酸或鞣酸溶液洗涤。

40 扬子毛茛 *Ranunculus sieboldii*

科属：毛茛科 Ranunculaceae　毛茛属 *Ranunculus*

别名：半匍匐毛茛、地胡椒、黄花草、辣子草

形态特征：多年生草本。须根伸长簇生。茎铺散，斜升，高20～50厘米。3出复叶；叶片圆肾形至宽卵形，基部心形，3浅裂至较深裂，边缘有锯齿；叶柄长2～5厘米，密生开展的柔毛。花与叶对；花梗长3～8厘米，密生柔毛；花瓣5，黄色或上面变白色；雄蕊20余枚。聚合果圆球形；果扁平，喙长约1毫米，成锥状外弯。花果期5～10月。

生境与分布：生于海拔300～2500米的山坡林边及平原湿地。日本也有。

药用价值：

【性味】性热、味苦，有毒。

【归经】归肺经。

【功能主治】全草药用，捣碎外敷，发泡截疟及治疮毒、腹水水肿。

41 猫爪草 *Ranunculus ternatus*

科属：毛茛科 Ranunculaceae　毛茛属 *Ranunculus*

别名：小毛茛、三散草、猫爪儿草

形态特征：一年生草本。簇生多数肉质小块根，形似猫爪。茎铺散，高5～20厘米，多分枝，较柔软，大多无毛。基生叶有长柄；叶片形状多变，单叶或3出复叶，宽卵形至圆肾形，小叶3浅裂至3深裂或多次细裂，无毛；叶柄长6～10厘米。茎生叶无柄，叶片较小，全裂或细裂。花单生茎顶和分枝顶端，外面疏生柔毛；花瓣5～7或更多，黄色或后变白色，蜜槽棱形；聚合果近球形；瘦果卵球形。花期早，春季3月开花，果期4～7月。

生境与分布：生于平原湿草地或田边荒地。

药用价值：

【性味】味甘、辛，性温。

【归经】归肝经、肺经。

【功能主治】化痰散结，解毒消肿。用于瘰疬痰核、疔疮肿毒、蛇虫咬伤。块根药用，内服或外敷，能散结消瘀，主治淋巴结核。

42 垂盆草 *Sedum sarmentosum*

科属：景天科 Crassulaceae 景天属 *Sedum*

别名：狗牙瓣、石指甲、佛指甲、打不死

形态特征：多年生草本。不育枝及花茎细，长10～25厘米。3叶轮生，叶倒披针形至长圆形，先端近急尖，基部急狭，有距。聚伞花序，有3～5分枝，花少；花无梗；萼片5，披针形至长圆形；花瓣5，黄色；雄蕊10；心皮5，长圆形，略叉开，有长花柱。种子卵形。花期5～7月，果期8月。

生境与分布：生于海拔1600米以下山坡阳处或石上，性喜温暖湿润、半阴的环境。

药用价值：

【性味】甘、微酸、凉。

【功能主治】清热利湿、解毒消肿、止血养血。主治湿热黄疸、淋病、泻痢、肺痈、肠痈、疮疖肿毒、蛇虫咬伤、水火烫伤、咽喉肿痛、口腔溃疡及湿疹、带状疱疹。

注意：脾胃虚寒者慎服。

【民族用药】

［苗药］Reib xand ghueud（锐先勾）：全草治一切疮毒、痈肿，治蚂蚱症《苗医》。

［水药］全草治肝炎《水医药》。

［彝药］尔嘎色，俗称石蒜，狗芽瓣：全草主治痔疮、牙疼、风疹、疮疡、肿痛；汉医治咽喉肿痛、肝炎、热淋、痈肿、水电烫伤、蛇虫咬伤、无黄疸型传染性肝炎、痈疽、痄腮、无名肿毒、蛇虫咬伤等《彝植药续》。

［土家药］狗牙瓣，狗牙齿：全草用于吐血、便血、肝炎、腹泻、痢疾、牙痛、喉痛、头晕、癌症；外用治烧烫伤、痈肿疮疡、毒蛇咬伤。

43 珠芽景天 *Sedum bulbiferum*

科属：景天科 Crassulaceae　景天属 *Sedum*

别名：马尿花、小箭草、小六儿令

形态特征：多年生草本。根须状。茎高7～22厘米，茎下部常横卧。叶腋常有圆球形、肉质、小形珠芽着生。基部叶常对生，上部的互生，下部叶卵状匙形，上部叶匙状倒披针形。花序聚伞状，分枝3，常再二歧分枝；萼片5，披针形至倒披针形；花瓣5，黄色；雄蕊10；心皮5，略叉开。花期4～5月。

生境与分布：生于海拔1000米以下低山、平地树荫下。产广西、广东、福建、四川、湖北、湖南、江西、安徽、浙江、江苏。模式标本采自日本。

药用价值：

【性味】辛、涩，温。

【功能主治】全草供药用，散寒，理气，止痛，消肿，止血，截疟。用于食积腹痛、风湿瘫痪。外用于痈肿疮毒。

44 虎耳草 *Saxifraga stolonifera*

科属：虎耳草科 Saxifragaceae 虎耳草属 *Saxifraga*

别名：金线吊芙蓉、老虎耳、耳朵红

形态特征：多年生草本，高8～45厘米。茎被长腺毛，具1～4枚苞片状叶。基生叶具长柄，叶片近心形、肾形至扁圆形；茎生叶披针形。聚伞花序圆锥状，长7.3～26厘米，具7～61花；花序分枝长2.5～8厘米，被腺毛，具2～5花；花瓣白色，中上部具紫红色斑点，基部具黄色斑点，5枚。雄蕊长4～5.2毫米；花盘半环状，边缘具瘤突；花柱2，叉开。花果期4～11月。

生境与分布：生于海拔400～4500米的林下、灌丛、草甸和阴湿岩隙。

药用价值：

【性味】微苦辛，寒，有小毒。

【归经】归肺经、脾经、大肠经。

【功能主治】全草入药，祛风、清热、凉血解毒。治风疹、湿疹、中耳炎、丹毒、咳嗽吐血、肺痈、崩漏、痔疾。

【民族用药】

[水药] 骂打痈：全草外用治腮腺炎《水医药》。

[瑶药] 荡能、甘裂使、善芬兜付壮：功用同侗族《桂药编》。

[壮药] 牙丘西：功用同侗族《桂药编》。

[畲药] 铜架怀、猪耳草、耳朵草、老虎耳：全草治中耳炎、耳疔、小儿急惊风、咳嗽、痈肿疔疮、吐血《畲医药》。

[藏药] 摸龙弄密：全草用于急性中耳炎、风热咳嗽；外治大泡性鼓膜炎、风疹瘙痒《湘蓝考》。

[土家药] 绣席全草治疗蚕耳（化脓性中耳炎）、疮疖痈、青水疮、气管炎《土家药》。

45 华中五味子 *Schisandra sphenanthera*

科属：木兰科 Magnoliaceae　五味子属 *Schisandra*

别名：五味子、南五味子、香苏、红铃子

形态特征：落叶木质藤本。叶纸质；叶柄红色，长1～3厘米。花生于近基部叶腋，花梗纤细，长2～4.5厘米，基部具长3～4毫米的膜质苞片，花被片5～9，橙黄色，近相似，具缘毛，背面有腺点。雄花：雄蕊群倒卵圆形，雄蕊11～19（23）。雌花：雌蕊群卵球形，雌蕊30～60枚，子房近镰刀状椭圆形，柱头冠狭窄，下延成不规则的附属体。聚合果，聚合果梗长3～10厘米，成熟后果绛红色。花期4～7月，果期7～9月。

生境与分布：生于海拔600～3000米的湿润山坡边或灌丛中。分布于我国大部分地区。

药用价值：

【性味】味酸、性温。

【归经】归肺经、肾经。

【功能主治】果实入药。收敛，滋补，生津，止泻。用于肺虚咳嗽、津亏口渴、自汗、盗汗、慢性腹泻。

46 夏天无 *Corydalis decumbens*

科属：紫堇科 Fumariaceae　紫堇属 *Corydalis* DC.

别名：伏茎紫堇、飞来牡丹、伏地延胡索

形态特征：多年生草本。块茎近球形。茎细弱，丛生，不分枝。基生叶具长柄，叶片三角形，2回三出全裂，末回裂片具短柄，通常狭倒卵形；茎生叶2～3片，生茎下部以上或上部，形似基生叶。总状花序顶生；苞片卵形或阔披针形，全缘；花淡紫红色，筒状唇形，上面花瓣边近圆形，先端微凹，矩圆筒形，直或向上微弯；雄蕊6，呈两体。蒴果线形，2瓣裂。花期4～5月，果期5～6月。

生境与分布：生于海拔80～300米丘陵、低坡阴湿的林下沟边及旷野田边。产于江苏、安徽、浙江、江西、福建、台湾、河南、湖北、湖南等地。

药用价值：

【性味】苦、辛、凉。

【归经】归肝经、肾经。

【功能主治】祛风除湿、舒筋活血、通络止痛、降血压。主治风湿性关节炎、中风偏瘫、坐骨神经痛、小儿麻痹后遗症、腰肌劳损、跌打损伤、高血压。

47 紫堇 *Corydalis edulis*

科属：紫堇科 Fumariaceae 紫堇属 *Corydalis* DC.

别名：断肠草、蝎子花、蜀堇、苔菜

形态特征：一年生草本，高20～50厘米。茎分枝，具叶；花枝花葶状，常与叶对生。基生叶具长柄，叶片近三角形，1～2回羽状全裂，一羽片2～3对，具短柄，二回羽片近无柄，倒卵圆形，羽状分裂，裂片狭卵圆形。茎生叶与基生叶同形。总状花序疏具3～10花。花粉红色至紫红色。外花瓣较宽展，顶端微凹。内花瓣具鸡冠状突起。蒴果线形，下垂，长3～3.5厘米，具1列种子。花期3～4月，果期4～5月。

生境与分布：生于池城边、路边、林下、多石处等潮湿地方。我国长江中、下游各省，北至河南和陕西南部都有分布。

药用价值：

【性味】苦、涩，凉，有毒。

【归经】归肝经、肾经。

【功能主治】治肺结核咯血、遗精、疮毒、顽癣。

48 荠菜 *Capsella bursa-pastoris*

科属：十字花科 Cruciferae　荠属 *Capsella*

别名：荠、铲铲草、地菜、菱角菜

形态特征：一年或二年生草本，茎直立，高（7～）10～50厘米。基生叶丛生呈莲座状；茎生叶窄披针形或披针形，抱茎。总状花序顶生及腋生，果期延长达20厘米；花瓣白色，卵形。短角果倒三角形或倒心状三角形，扁平，顶端微凹，裂瓣具网脉；种子2行，长椭圆形，浅褐色。花果期4～6月。

生境与分布：荠菜生长在山坡、田边及路旁，野生，偶有栽培。中国各省区均有分布，全世界温带地区广泛分布。

药用价值：

【性味】甘、平。

【功能主治】具有和脾、利水、止血、明目的功效。用于治疗痢疾、水肿、淋病、乳糜尿、吐血、便血、血崩、月经过多、目赤肿疼等。所含的二硫酚硫酮，具有抗癌作用。

（1）荠菜含有大量的粗纤维，食用后可增强大肠蠕动，促进排泄，从而增进新陈代谢，有助于防治高血压、冠心病、肥胖症、糖尿病、肠癌及痔疮等。

（2）荠菜所含的荠菜酸，是有效的止血成分，能缩短出血及凝血时间。

（3）荠菜含丰富的维生素C和胡萝卜素，有助于增强机体免疫功能。因胡萝卜素为维生素A原，所以是治疗干眼症、夜盲症的良好食物。

（4）荠菜所含的登皮苷能够消炎抗菌，还能抗病毒，预防冻伤，对糖尿病性白内障病人也有疗效。

（5）荠菜含有乙酰胆碱、谷甾醇和季铵化合物，不仅可以降低血中及肝中的胆固醇和甘油三酯的含量，而且还有降低血压的作用。

49 诸葛菜 *Orychophragmus violaceus*

科属：十字花科 Cruciferae　诸葛菜属 *Orychophragmus*

别名：二月蓝、二月兰、翠紫花、湖北诸葛菜

形态特征：一年或二年生草本；茎单一，直立，高10～50厘米，浅绿色或带紫色。基生叶及下部茎生叶大头羽状全裂；上部叶长圆形或窄卵形，基部耳状，抱茎。花紫色、浅红色或褪成白色，直径2～4厘米；花萼筒状，紫色。长角果线形，长7～10厘米。具4棱，裂瓣有1凸出中脊，喙长1.5～2.5厘米。种子黑棕色。花期4～5月，果期5～6月。

生境与分布：生在平原、山地、路旁或地边。

药用价值：

【功能主治】种子富含亚油酸，因亚油酸具有降低人体内血清胆固醇和甘油三酯的功能，并可软化血管和阻止血栓形成，是心血管病患者的良好药物。

50 球果蔊菜 *Rorippa globosa*

科属：十字花科 Cruciferae　蔊菜属 *Rorippa*

别名：水蔓菁、银条菜、大荠菜

形态特征：一年生草本，高40～100厘米。茎直立，有分枝。叶为单叶，长圆形或倒卵状披针形，茎下部叶有柄，茎上部叶无柄，基部抱茎，两侧具短叶耳。总状花序顶生；花淡黄色，直径1毫米；子房2室。短角果球形，无毛，顶端有短喙，果瓣2裂。种子多数，细小。花期6月，果期7月。

生境与分布：生于河岸、湿地、路旁、沟边或草丛中，也生于干旱处，海拔30～2500米。东北、华中、华南以及河北、山西、山东、安徽、江苏、浙江、台湾、江西、云南等地区均有生长。俄罗斯、朝鲜、越南也有分布。

药用价值：

【功能主治】有补肾、凉血功效，用于乳痈。

其他用途：球果蔊菜很有驯化栽培前景，作为低洼盐碱地的饲用植物。

51 碎米荠 *Cardamine hirsuta*

科属：十字花科 Cruciferae　碎米荠属 *Cardamine*

别名：白带草、见肿消、毛碎米荠、碎米芥

形态特征：一年生小草本，高15～35厘米。茎直立或斜升。基生叶具叶柄，有小叶2～5对；茎生叶具短柄，有小叶3～6对。总状花序生于枝顶，花小；萼片绿色或淡紫色；花瓣白色，倒卵形；花丝稍扩大；雌蕊柱状，柱头扁球形。长角果线形，稍扁。种子椭圆形，顶端有的具明显的翅。花期2～4月，果期4～6月。

生境与分布：生于海拔1000米以下的山坡、路旁、荒地和耕地的阴湿处；分布于辽宁、河北、山西、陕西、甘肃、山东和长江以南各地。

药用价值：

【功能主治】收敛止带，止痢止血，疏风清热，利尿解毒。治痢疾肠炎、乳糜尿及各种出血。

其他用途：全草作野菜食用；种子可榨油，含油率25%。

52 地榆 *Sanguisorba officinalis*

科属：蔷薇科 Rosaceae　地榆属 *Sanguisorba* Linn.

别名：黄瓜香、山地瓜、猪人参、血箭草

形态特征：多年生草本，高30～120厘米。茎直立，有棱。基生叶为羽状复叶，有小叶4～6对。穗状花序椭圆形、圆柱形或卵球形，直立，通常长1～3(4)厘米；萼片4枚，紫红色；雄蕊4枚；柱头顶端扩大，盘形，边缘具流苏状乳头。果实包藏在宿存萼筒内，外面有斗棱。花果期7～10月。

生境与分布：生草原、草甸、山坡草地、灌丛中、疏林下，海拔30～3000米。广布于欧洲、亚洲北温带。

药用价值：

【性味】根（地榆）：苦、酸、涩，凉。

【功能主治】地榆具有止血凉血、清热解毒、收敛止泻及抑制多种致病微生物和肿瘤的作用，可治疗吐血、血痢、烧灼伤、湿疹、上消化道出血、溃疡病大出血、便血、崩漏、结核性脓肿及慢性骨髓炎等疾病。

53 龙芽草 *Agrimonia pilosa*

科属：蔷薇科Rosaceae　龙芽草属 *Agrimonia* L.

别名：老鹤嘴、仙鹤草、地仙草

形态特征：多年生草本。茎高30～120厘米，被疏柔毛及短柔毛，稀下部被稀疏长硬毛。叶为间断奇数羽状复叶，通常有小叶3～4对，稀2对；托叶草质，镰形，稀卵形。花序穗状总状顶生；花瓣黄色，长圆形；雄蕊（5～）8～15枚；花柱2，丝状，柱头头状。果实倒卵圆锥形，外面有10条肋，被疏柔毛，顶端有数层钩刺。花果期5～12月。

生境与分布：常生于溪边、路旁、草地、灌丛、林缘及疏林下，海拔100～3800米。中国南北各省区均产。

药用价值：

【性味】味苦、涩，性平。

【归经】归大肠经、胃经、脾经。

【功能主治】具有止血、健胃、滑肠、止痢、杀虫的功效。主治脱力劳乏，妇女月经不调、红崩白带，胃寒腹痛，赤白痢疾，吐血，咯血，肠风，尿血，子宫出血，十二指肠出血等症。全草提取仙鹤草素为止血药。

54 蛇莓 *Duchesnea indica*

科属：蔷薇科Rosaceae 蛇莓属*Duchesnea*

别名：蛇泡草、龙吐珠、蛇果、野草莓、地莓

形态特征：多年生草本；匍匐茎多数，长30～100厘米，有柔毛。花单生于叶腋；花瓣倒卵形，黄色；雄蕊20～30；心皮多数，离生；花托在果期膨大，鲜红色。瘦果卵形，长约1.5毫米，光滑或具不明显突起。花期6～8月，果期8～10月。

生境与分布：多生于山坡、河岸、草地、潮湿的地方，海拔1800米以下。中国辽宁（辽宁亦有分布）以南各省区，长江流域地区都有分布。

药用价值：

【性味】甘、苦，寒。

【归经】归肺经、肝经、大肠经。

【功能主治】清热，凉血，消肿，解毒。治热病、惊痫、咳嗽、吐血、咽喉肿痛、痢疾、痈肿、疔疮、蛇虫咬伤、烫火伤。

55 合萌 *Aeschynomene indica*

科属：豆科Leguminosae　合萌属 *Aeschynomene* L.

别名：田皂角、水槐子、合明草、野冬豆、夜闭草

形态特征：一年生草本或亚灌木状，茎直立，高0.3～1米。叶具20～30对小叶或更多；托叶膜质；叶柄长约3毫米；小托叶极小。总状花序腋生；小苞片卵状披针形，宿存；花冠淡黄色，旗瓣大，近圆形，翼瓣篦状，龙骨瓣比旗瓣稍短，比翼瓣稍长或近相等；雄蕊二体。荚果线状长圆形，直或弯曲；种子黑棕色。花期7～8月，果期8～10月。

生境与分布：除草原、荒漠外，中国林区及其边缘均有分布。

药用价值：

【性味】甘淡，寒。

【功能主治】清热，祛风，利湿，消肿，解毒。治风热感冒、黄疸、痢疾、胃炎、腹胀、淋病、痈肿、皮炎、湿疹。

56 紫云英 *Astragalus sinicus*

科属：豆科Leguminosae　黄芪属*Astragalus*

别名：翘摇、红花草、草子、马苕子

形态特征：二年生草本，葡匐，高10～30厘米。奇数羽状复叶，具7～13片小叶，长5～15厘米。总状花序生5～10花，呈伞形；总花梗腋生；苞片三角状卵形；花萼钟状；花冠紫红色或橙黄色，旗瓣倒卵形；子房具短柄。荚果线状长圆形，稍弯曲，具短喙，黑色，具隆起的网纹；种子肾形，栗褐色。花期2～6月，果期3～7月。

生境与分布：紫云英现分布于亚洲中、西部，多作为稻田绿肥来种植。

药用价值：

【性味】甘、微辛，寒。

【归经】归肝经。

【功能主治】清热解毒，利尿消肿。用于风痰咳嗽、咽喉痛、目赤肿痛。

57 鸡眼草 *Kummerowia striata*

科属：豆科Leguminosae　鸡眼草属*Kummerowia* Schindl.

别名：掐不齐（东北通称）、牛黄黄、公母草

形态特征：一年生草本植物，披散或平卧，多分枝，高（5～）10～45厘米，茎和枝上被倒生的白色细毛。叶为三出羽状复叶；托叶大，膜质，卵状长圆形；花小，单生或2～3朵簇生于叶腋；花萼钟状，带紫色，5裂；花冠粉红色或紫色，旗瓣椭圆形，龙骨瓣比旗瓣稍长或近等长，翼瓣比龙骨瓣稍短。荚果圆形或倒卵形，稍侧扁。花期7～9月，果期8～10月。

生境与分布：生于路旁、田边、溪旁、沙质地或缓山坡草地，海拔500米以下。产我国东北、华北、华东、中南、西南等省区。

药用价值：

【功能主治】具有清热解毒、健脾利湿之功效，用于感冒发热、暑湿吐泻、疟疾、痢疾、传染性肝炎、热淋、白浊。

58 广布野豌豆 *Vicia cracca*

科属：豆科Leguminosae　野豌豆属*Vicia*

别名：山落豆秧、草藤、细叶落豆秧、肥田草

形态特征：多年生草本，高40～150厘米。茎攀援或蔓生，有棱，被柔毛。偶数羽状复叶，叶轴顶端卷须有2～3分支；托叶半箭头形或戟形；小叶5～12对互生，线形、长圆或披针状线形。总状花序与叶轴近等长，花多数，10～40密集一面着生于总花序轴上部；花萼钟状，萼齿5；花冠紫色、蓝紫色或紫红色；旗瓣长圆形，翼瓣与旗瓣近等长；花柱弯与子房连接处呈大于90°夹角，上部四周被毛。荚果长圆形或长圆菱形，长2～2.5厘米，宽约0.5厘米；种皮黑褐色。花果期5～9月。

生境与分布：广布于我国各省区的草甸、林缘、山坡、河滩草地及灌丛。

药用价值：

【性味】辛、平。

【功能主治】活血调经、止血、解毒。用于月经不调、血崩、便血、衄血。

59 小巢菜 *Vicia hirsuta*

科属：豆科Leguminosae　野豌豆属*Vicia*

别名：雀野豆、白翘摇、雀野豌豆、小麦豆

形态特征：一年生草本，高15～90（～120）厘米，攀援或蔓生。茎细柔有棱。偶数羽状复叶末端卷须分枝；托叶线形；小叶4～8对，线形或狭长圆形。总状花序明显短于叶；花萼钟形，萼齿披针形；花2～4（～7）密集于花序轴顶端，花甚小；花冠白色、淡蓝青色或紫白色，稀粉红色，旗瓣椭圆形，翼瓣近勺形，龙骨瓣较短；子房无柄，密被褐色长硬毛。荚果长圆菱形，长0.5～1厘米，宽0.2～0.5厘米，表皮密被棕褐色长硬毛；种子2，扁圆形。花果期2～7月。

生境与分布：生于海拔200～1900米山沟、河滩、田边或路旁草丛。产陕西、甘肃、青海、华东、华中、广东、广西及西南等地。

药用价值：

【性味】味辛，平，无毒。

【归经】入手足太阴经、阳明经。

【功能主治】解表利湿，活血止血。治黄病、疟疾、鼻衄、白带。

60 农吉利 *Crotalaria sessiliflora*

科属：豆科 Leguminosae　猪屎豆属 *Crotalaria*

别名：佛指甲、山油麻、野芝麻、小响铃、野花生、野百合、紫花野百合

形态特征：直立草本，体高30～100厘米，被紧贴粗糙的长柔毛。托叶线形，宿存或早落；单叶，叶片形状常变异较大，通常为线形或线状披针形。总状花序顶生、腋生或密生枝顶形似头状，亦有叶腋生出单花，花1至多数；花萼二唇形，密被棕褐色长柔毛；花冠蓝色或紫蓝色，旗瓣长圆形，翼瓣长圆形或披针状长圆形，龙骨瓣中部以上变狭，形成长喙。荚果短圆柱形；种子10～15颗。花果期5月至翌年2月。

生境与分布：生荒地路旁及山谷草地，海拔70～1500米。

药用价值：

【性味】味甘、淡，性平。

【功能主治】清热，利湿，解毒，消积。用于痢疾、热淋、喘咳、风湿痹痛、疔疮疖肿、毒蛇咬伤、小儿疳积、恶性肿瘤等病症的治疗。

61 酢浆草 *Oxalis corniculata*

科属：酢浆草科 Oxalidaceae　酢浆草属 *Oxalis*

别名：酸浆草、酸酸草、三叶酸、酸咪咪、钩钩草

形态特征：草本，高10～35厘米，全株被柔毛。茎细弱，多分枝，直立或匍匐。叶基生或茎上互生；托叶小。花单生或数朵集为伞形花序状，腋生，总花梗淡红色，与叶近等长；萼片5，披针形或长圆状披针形；花瓣5，黄色，长圆状倒卵形；雄蕊10；子房长圆形，5室，花柱5，柱头头状。蒴果长圆柱形5棱。花、果期2～9月。

生境与分布：生于山坡草地、河谷沿岸、路边、田边、荒地或林下阴湿处等。中国广布。

药用价值：

【性味】酸，寒。

【归经】入手阳明经、太阳经。

【功能主治】清热利湿，凉血散瘀，消肿解毒。治泄泻、痢疾、黄疸、淋病、赤白带下、麻疹、吐血、衄血、咽喉肿痛、疔疮、痈肿、疥癣、痔疾、脱肛、跌打损伤、烫火伤。

【民族用药】

[白药] 全草治疗感冒发热、肠炎、肝炎、尿路感染、结石、神经衰弱；外用治跌打损伤《大理资志》。

[阿昌药] 酢浆草：功用同景颇族《德宏药录》。

[水药] 骂烘低：全草治骨折《水医药》。

[侗药] 骂登胜：全草治无名肿毒《桂药编》。档兔松：全草治小儿哮喘。

[毛难药] 蜗肭槽：全草治沙虫脚《桂药编》。

[瑶药] 咖毕：全草治痢疾、难产、胎衣不下、脓疱疮、刀枪伤《桂药编》。

[壮药] 老鸦酸：全草治咽喉痛、跌打肿痛、产后流血、各种出血、大小便不利、脓疱疮、湿疹、毒蛇咬伤、骨折《桂药编》。

[哈尼药] 阿咪我铅：全草治感冒发热、肠炎、肝炎、尿路感染、跌打损伤《哈尼药》。

62 红花酢浆草 *Oxalis corymbosa*

科属：酢浆草科 Oxalidaceae 酢浆草属 *Oxalis*

别名：大酸味草、夜合梅、大叶酢浆草

形态特征：多年生直立草本。叶基生；小叶3，扁圆状倒心形；托叶长圆形，顶部狭尖，与叶柄基部合生。总花梗基生，二歧聚伞花序，通常排列成伞形花序式，总花梗长10～40厘米或更长，被毛；花梗、苞片、萼片均被毛；萼片5，披针形；花瓣5，淡紫色至紫红色；雄蕊10枚；子房5室，花柱5，柱头浅2裂。花、果期3～12月。

生境与分布：生于低海拔的山地、路旁、荒地或水田中。我国广泛分布。

药用价值：

【性味】酸，寒。

【功能主治】清热解毒、散瘀消肿、调经。用于肾盂肾炎、痢疾、水泻、咽炎、牙痛、淋浊、月经不调、白带；外用治毒蛇咬伤、跌打损伤、痈疮、烧烫伤。

【民族医药】

［白药］全草治肾盂肾炎、痢疾、咽喉炎、牙痛、月经不调、白带；外用治毒蛇咬伤、跌打损伤、烧烫伤《大理资志》。

［侗药］马当颗突：全草治脓疱疮《桂药编》。

［瑶药］酸咪草：用于跌打肿痛《桂药编》。

［苗药］天葵草，连规崽：全草用于清热解毒、散瘀消肿《湘蓝考》。

［傈僳药］阿拉擦簸：全草治感冒发热、肠炎、肝炎、尿路感染、结石、神经衰弱；外用治跌打损伤、痈肿疮疖；外用适量，捣烂敷患处《怒江药》。

63 野老鹳草 *Geranium carolinianum*

科属：牻牛儿苗科 Geraniaceae　老鹳草属 *Geranium*

别名：老鹳嘴、老鸦嘴、贯筋、老牛筋

形态特征：一年生草本，高20～60厘米，茎直立或仰卧；托叶披针形或三角状披针形；叶片圆肾形，基部心形，掌状5～7裂近基部。花序腋生和顶生，花序呈伞形状；花梗与总花梗相似，等于或稍短于花；萼片长卵形或近椭圆形；花瓣淡紫红色，雄蕊稍短于萼片；雌蕊稍长于雄蕊，密被糙柔毛。蒴果。花期4～7月，果期5～9月。

生境与分布：常见于荒地、田园、路边和沟边。

药用价值：

【性味】苦、微辛，平。

【功能主治】祛风、活血、清热解毒。治风湿疼痛、拘挛麻木、痈疽、跌打、肠炎、痢疾。

64 臭节草 *Boenninghausenia albiflora*

科属：芸香科 Rutaceae　石椒草属 *Boenninghausenia*

别名：松风草、白虎草、臭草、岩椒草

形态特征：常绿草本，分枝甚多，稀紫红色。叶薄纸质。花序有花甚多，花枝纤细，基部有小叶；花瓣白色，有时顶部桃红色，有透明油点；8枚雄蕊长短相间，花丝白色，花药红褐色。分果瓣长约5毫米，每分果瓣有种子4粒，稀3粒或5粒。花果期7～11月。

生境与分布：产安徽、江苏、浙江、江西、湖南、广东、广西一带，常生于海拔700～1000米的山地。

药用价值：

【性味】辛、苦，温。

【功能主治】解表截疟，活血散瘀，解毒。用于疟疾、感冒发热、支气管炎、跌打损伤；外用治外伤出血、痈疖疮疡。

【民族用药】

[佤药] 猫脚迹，白虎草：全草用于感冒发热、头痛、支气管炎、疟疾、风湿跌打《中佤药》。

[傈僳药] 莫打就：全草用于疟疾发热、支气管炎、咽喉肿痛《怒江药》。

[傣药] 旧哈（西傣）：全株用于疟疾、感冒发热、支气管炎、跌打损伤、胃腹痛、痈

疸疮疡、外伤出血《版纳傣药》。旧哈：用于清热解毒、散瘀、消肿《傣医药》。

[白药] 白虎草：全草治疟疾、感冒发热、支气管炎、跌打损伤；外用治外伤出血，痈疽疮疡《大理资志》。

[哈尼药] 白虎草：全草用于风寒感冒、咽喉炎、支气管炎、疟疾《哈尼药》。

[彝药] 俄巴则玛，木热略乌，牙补此：根或全草主治感冒发烧、腹胀、跌打、疮疡溃脓《彝植药续》。

[苗药] 野元荽，元荽：全株治跌打肿痛、外伤出血、疮毒、疟疾、风寒眼痛《蓝山考》。

65 铁苋菜 *Acalypha australis*

科属：大戟科Euphorbiaceae　铁苋菜属*Acalypha*

别名：海蚌含珠、蚌壳草、夏草、半边珠、布口袋

形态特征：一年生草本，高0.2～0.5米，小枝细长，被贴毛柔毛。叶膜质，长卵形、近菱状卵形或阔披针形；基出脉3条，侧脉3对；托叶披针形，具短柔毛。雌雄花同序，花序腋生，稀顶生，长1.5～5厘米，花序梗长0.5～3厘米；雄花生于花序上部，排列呈穗状或头状。雄花：花萼裂片4枚；雄蕊7～8枚。雌花：萼片3枚，具疏毛；花柱3枚。蒴果，具3个分果爿。花果期4～12月。

生境与分布：生于海拔20～1200（～1900）米平原或山坡较湿润耕地和空旷草地，有时石灰岩山疏林下有分布。中国除西部高原或干燥地区外，大部分省区均产。

药用价值：

【功能主治】清热解毒，利湿，收敛止血。用于肠炎、痢疾、吐血、衄血、便血、尿血，崩漏；外治痈疖疮疡、皮炎湿疹。

【民族用药】

［畲药］玉碗捧真珠：全草用于赤白痢疾、伤寒痰嗽《畲医药》。

［壮药］海蚌含珠：全草研粉与瘦猪肉蒸服治小儿疳积《桂药编》。

［瑶药］耳仔茶：用于肠炎、泻泄、菌痢、血淋。

［苗药］海蚌含珠：地上部分治肠炎、痢疾、吐血、衄血、便血尿血、崩漏、外治痈疖疮疡、皮炎湿疹《湘蓝考》。

［土家药］席蚌：全草治痢疾、痔出血、青水疮、皮肤瘙痒《土家药》。

66 乳浆大戟 *Euphorbia esula*

科属：大戟科 Euphorbiaceae 大戟属 *Euphorbia*

别名：猫眼草、烂疤眼、华北大戟

形态特征：多年生草本。茎单生或丛生，高30～60厘米；不育枝叶常为松针状，长2～3厘米；总苞叶3～5枚，与茎生叶同形；伞幅3～5，长2～4（～5）厘米；苞叶2枚。花序单生于二歧分枝的顶端；总苞钟状；腺体4，新月形，两端具角。雄花多枚；雌花1枚；子房光滑无毛；花柱3，分离；柱头2裂。蒴果三棱状球形；花柱宿存；成熟时分裂为3个分果爿。花果期4～10月。

生境与分布：生于路旁、杂草丛、山坡、林下、河沟边、荒山、沙丘及草地。分布于全国（除海南、贵州、云南和西藏外）。

药用价值：

【性味】苦，凉，有毒。

【功能主治】利尿消肿、拔毒止痒。用于四肢水肿、小便淋痛不利、疟疾；外用于瘰疬、疮癣瘙痒。

【民族用药】

［蒙药］全草治水肿、小便不利、疟疾；外用治瘰疬、肿毒、疥癣《蒙植药志》。

［达斡尔药］根治肺结核、骨结核、各种恶疮。

67 水马齿 *Callitriche stagnalis*

科属：水马齿科Callitrichaceae　水马齿属 *Callitriche*

别名：春水马齿、春水水马齿

形态特征：一年生草本，高30～40厘米，茎纤细，多分枝。叶互生，在茎顶常密集呈莲座状，浮于水面，倒卵形或倒卵状匙形，先端圆形或微钝，基部渐狭，两面疏生褐色细小斑点，具3脉；茎生叶匙形或线形；花单性，同株，单生叶腋。雄花：雄蕊1，花丝细长。雌花：子房倒卵形，花柱2，纤细。果倒卵状椭圆形，仅上部边缘具翅，基部具短柄。花期8～9月；果期10月。

生境与分布：产东北、华东至西南各省区；生于海拔700～3800米的静水中或沼泽地水中或湿地。分布于欧洲、北美洲和亚洲温带地区。

药用价值：

【性味】味苦，性寒。

【功能主治】目赤肿痛、水肿、湿热淋痛、清热解毒、利尿消肿。

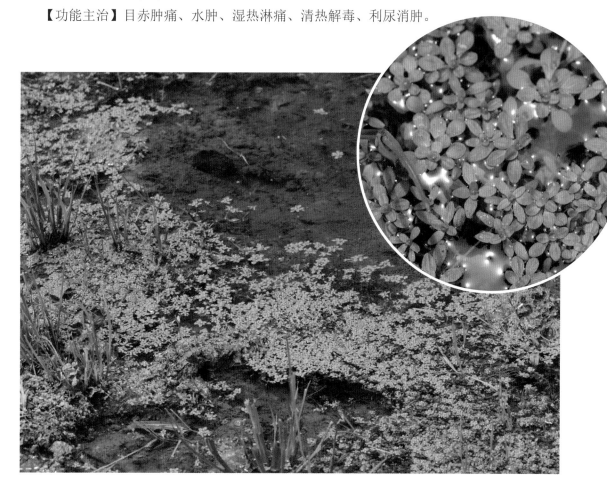

68 白蔹 *Ampelopsis japonica*

科属：葡萄科 Vitaceae　蛇葡萄属 *Ampelopsis Michx.*

别名：山地瓜、野红薯、山葡萄秧、白根、五爪藤、菟核

形态特征：落叶攀援木质藤本，长约1米。块根粗壮，肉质，卵形、长圆形或长纺锤形，深棕褐色，数个相聚。茎多分枝；卷须与叶对生。掌状复叶互生；小叶3～5，羽状分裂或羽状缺刻。聚伞花序小，与叶对生，花序梗长3～8厘米，常缠绕；花小，黄绿色；花萼5浅裂；花瓣、雄蕊各5；花盘边缘稍分裂。浆果球形，熟时白色或蓝色，有针孔状凹点。花期5～6月，果期9～10月。

生境与分布：生山坡地边、灌丛或草地，海拔100～900米。

药用价值：

【性味】苦，平。

【功能主治】本种呈块状膨大的根及全草供药用，清热解毒、散结止痛、生肌敛疮。用于治疗疮疡肿毒、瘰疬、烫伤、湿疮、温疟、惊痫、血痢、肠风、痔漏、白带、跌打损伤、外伤出血。

【民族用药】

[蒙药]嘎西贡一乌珠玛：块根用于痈肿疮疡、淋巴结结核、支气管炎、赤白带下、痔漏《蒙药》。九子莲，金晾母：块根用于痈肿疮疡，淋巴结核《湘蓝考》。

[畲药]白蒲姜，五爪藤，五爪龙，野山薯：块根治赤白带下、痔疮肛漏、跌打损伤，烧烫伤《畲医药》。

[瑶药]多仔婆：块根治跌打损伤、无名肿毒《桂药编》。

69 紫花地丁 *Viola philippica*

科属：董菜科 Violaceae　董菜属 *Viola* L.

别名：野董菜、光瓣董菜、光萼董菜、野董菜

形态特征：多年生草本，无地上茎，高 4～14 厘米。叶多数，基生，莲座状；托叶膜质，苍白色或淡绿色。花中等大，紫董色或淡紫色，稀呈白色；花梗通常多，细弱，与叶片等长或高出于叶片，无毛或有短毛，中部附近有 2 枚线形小苞片；萼片卵状披针形或披针形；距细管状；子房卵形，花柱棍棒状。蒴果长圆形；种子，淡黄色。花果期 4 月中下旬至 9 月。

生境与分布：生于田间、荒地、山坡草丛、林缘或灌丛中。在庭园较湿润处常形成小群落。产我国大部分地区。

药用价值：

【性味】辛、寒、微苦。

【归经】入心经、肝经。

【功能主治】清热解毒、凉血消肿、清热利湿。主治：黄疸、痢疾、乳腺炎、目赤肿痛、咽炎；外敷治跌打损伤、痈肿、毒蛇咬伤等。

70 千屈菜 *Lythrum salicaria*

科属：千屈菜科Lythraceae 千屈菜属*Lythrum*

别名：水枝柳、水柳、对叶莲

形态特征：多年生草本；茎直立，多分枝，高30～100厘米，枝通常具4棱。叶对生或三叶轮生，披针形或阔披针形，长4～6（～10）厘米，宽8～15毫米。花组成小聚伞花序，簇生，因花梗及总梗极短，因此花枝全形似一大型穗状花序；苞片阔披针形至三角状卵形；萼筒长5～8毫米，有纵棱12条，稍被粗毛，裂片6，三角形；附属体针状，直立；花瓣6，红紫色或淡紫色，有短爪；雄蕊12，6长6短，伸出萼筒之外；子房2室。蒴果扁圆形。

生境与分布：生于河岸、湖畔、溪沟边和潮湿草地。产中国各地。

药用价值：

【性味】苦，寒。

【归经】归大肠经。

【功能主治】全草入药，清热解毒、凉血止血。用于肠炎、便血、血崩、高热、月经不调、腹泻、外伤出血。

71 圆叶节节菜 *Rotala rotundifolia*

科属：千屈菜科 Lythraceae　节节菜属 *Rotala*

别名：禾虾菜、猪肥菜、豆瓣菜、水豆瓣

形态特征：一年生草本；茎单一或稍分枝，直立，丛生，高5～30厘米，带紫红色。叶对生。花单生于苞片内，组成顶生稠密的穗状花序；苞片叶状；萼筒阔钟形，膜质；花瓣4，倒卵形，淡紫红色；雄蕊4；子房近梨形，柱头盘状。蒴果，3～4瓣裂。花、果期12月至次年6月。

生境与分布：生于水田或潮湿的地方，华南地区极为常见。

药用价值：

【性味】味甘、淡、性凉。

【归经】归肝经、肾经。

【功能主治】有散瘀止血、除湿解毒功效，主治跌打损伤、内外伤出血、骨折、风湿痹痛、蛇咬伤、痈疮肿毒、疥癣、痢疾、淋病、水臌、急性肝炎、急性咽喉炎、月经不调、痛经、烫火伤。

72 元宝草 *Hypericum sampsonii*

科属：藤黄科Guttiferae 金丝桃属*Hypericum*

别名：相思、双合合、大叶对口莲、穿心箭、黄叶连翘

形态特征：小枝对生，圆柱形，红褐色。叶片有透明腺点，长椭圆形，基部渐狭稍抱茎。花顶生，单生或成聚伞花序；小苞片披针形；萼片5；花瓣5；雄蕊花丝基部合生成5束，长约2厘米；花柱细长，顶端5裂。蒴果，花柱和萼片宿存。花果期6～8月。

生境与分布：多生于坡地、路边杂草丛中，海拔0～1200米。我国南北各省都有分布。

药用价值：

【性味】苦辛，凉。

【归经】入肝、脾二经。

【功能主治】果和根供药用，活血、止血、解毒。主治吐血、衄血、月经不调、跌扑闪挫、痈肿疮毒。

73 贯叶连翘 *Hypericum perforatum*

科属：藤黄科 Guttiferae　金丝桃属 *Hypericum*

别名：千层楼、大对叶草、大叶对、小叶金丝桃

形态特征：多年生草本，高20～60厘米。茎直立，多分枝，茎及分枝两侧各有1纵线棱。叶基部近心形而抱茎。花序为5～7花两歧状的聚伞花序，生于茎及分枝顶端，多个再组成顶生圆锥花序。花瓣黄色。雄蕊多数，3束，每束有雄蕊约15枚。花柱3。蒴果具背生腺条及侧生黄褐色囊状腺体。种子黑褐色，具纵向条棱，两侧无龙骨状突起，表面有细蜂窝纹。花期7～8月，果期9～10月。

生境与分布：生于海拔500～2100米的山坡、路旁、草地、林下及河边等处。分布于河北、陕西、甘肃、新疆、山东、江苏、江西、河南、湖北、湖南、四川、贵州等地。

药用价值：

【性味】味苦、涩、性平。

【归经】归肝经。

【功能主治】收敛止血、调经通乳、清热解毒、利湿。主治咯血、吐血、肠风下血、崩漏、外伤出血、乳妇乳汁不下、黄疸、咽喉疼痛、目赤肿痛、尿路感染、口鼻生疮、痈疖肿毒、烫火伤。

74 穗状狐尾藻 *Myriophyllum spicatum*

科属：小二仙草科Haloragaceae　狐尾藻属*Myriophyllum*

别名：泥茜、聚藻、金鱼藻

形态特征：多年生沉水草本。茎圆柱形，长1～2.5米，分枝极多。叶常5片轮生（或4～6片轮生、或3～4片轮生），长3.5厘米，丝状全细裂，叶的裂片约13对，细线形，裂片长1～1.5厘米。花两性，单性或杂性，雌雄同株，单生于苞片状叶腋内，常4朵轮生，由多数花排成近裸颓的顶生或腋生的穗状花序，长6～10厘米，生于水面上。如为单性花，则上部为雄花，下部为雌花，中部有时为两性花。雄花：萼筒广钟状，顶端4深裂；花瓣4，阔匙形，凹陷，粉红色；雄蕊8；淡黄色。雌花：萼筒管状，4深裂；花瓣缺，或不明显；子房下位、4室，花柱4，柱头羽毛状，具4胚珠。分果广卵形或卵状椭圆形，具4纵深沟。花期从春到秋陆续开放，4～9月陆续结果。

生境与分布：我国南北各地池塘、河沟、沼泽中常有生长，特别是在含钙的水域中更较常见。为世界广布种。

药用价值：

【功能主治】全草入药，有清凉、解毒、止痢功效，治慢性下痢。

75 菱 *Trapa bispinosa*

科属：菱科 Trapaceae　菱属 *Trapa* L.

别名：风菱、乌菱、菱实

形态特征：一年生浮水水生草本。根二型：着泥根细铁丝状，着生水底水中；同化根，羽状细裂，裂片丝状。叶二型：浮水叶互生；沉水叶小，早落。花小，单生于叶腋，两性；花瓣4，白色；雄蕊4；雌蕊，具半下位子房；花盘鸡冠状。果三角状菱形，高2厘米，宽2.5厘米，2肩角直伸或斜举，肩角长约1.5厘米，刺角基部不明显粗大，腰角位置无刺角。花期5～10月，果期7～11月。

生境与分布：生于湖湾、池塘、河湾。产我国大部分地区。

药用价值：

【性味】味甘、性凉。

【归经】归脾经、胃经。

【功能主治】健脾益胃、除烦口渴、解毒。主治脾虚泄泻、暑热烦渴、饮酒过度、痢疾。

76 野菱 *Trapa incisa var. quadricaudata*

科属：菱科 Trapaceae　菱属 *Trapa* L.

别名：刺菱、菱角

形态特征：一年生水生草本。叶二型，浮生于水面的叶，叶柄长5～10厘米，有海绵质的气囊为长纺锤形或披针形；叶通常斜方形或三角状菱形，长、宽各2～4厘米，上部边缘有锐齿，基部边缘宽楔形，全缘，上面深绿色，有光泽，下面淡绿色，无毛；沉水叶羽状细裂。花白色，腋生。坚果三角形，很小，其四角或两角有尖锐的刺，绿色，上方两刺向上伸长，下方两刺朝下，果柄细而短。花期7～8月，果熟期10月。为菱科菱属四角刻叶菱的变种。国家二级野生重点保护植物。

生境与分布：野生于水塘、湖泊或田沟内。分布于东北至长江流域。

药用价值：

【性味】味甘、性平。

【归经】归脾经、胃经。

【功能主治】补脾健胃、生津止渴、解毒消肿。主治脾胃虚弱、泄泻、痢疾、暑热烦渴、饮酒过度、疮肿。

77 假柳叶菜 *Ludwigia epilobioides*

科属：柳叶菜科Onagraceae　丁香蓼属*Ludwigia*

别名：丁香蓼

形态特征：一年生粗壮直立草本；茎高30～150厘米，四棱形，带紫红色，多分枝。叶狭椭圆形至狭披针形；种子狭卵球状，稍歪斜，顶端具钝突尖头，基部偏斜，淡褐色，表面具红褐色纵条纹，其间有横向的细网纹；种脊不明显。花期8～10月，果期9～11月。

生境与分布：生于湖、塘、稻田、溪边等湿润处。产我国大部分地区。

药用价值：

【功能主治】假柳叶菜全草入药，有清热利水之效，治痢疾效果显著。

78 茴香 *Foeniculum vulgare*

科属：伞形科 Umbelliferae 茴香属 *Foeniculum* Mill.

别名：怀香，怀香籽，香丝菜，茴香子，谷香

形态特征：多年生草本，植株高达2米。茎无毛，灰绿至苍白色。较下部茎生叶柄长5～15厘米，中部或上部的叶柄成鞘状；叶宽三角形，长4～30厘米，宽5～40厘米，二至三回羽状全裂，小裂片线形，长0.4～4厘米，宽约0.5毫米。顶生伞形花序径达15厘米，花序梗长2～25厘米；伞辐6～29，长1.5～10厘米；伞形花序有14～39花。花瓣黄色，倒卵形，中脉1条。果长圆形，长4～6毫米，径1.5～2.2毫米，果棱尖锐。花期5～6月，果期7～9月。

生境与分布：欧洲、地中海沿岸、中国各地均产。

药用价值：

【性味】味辛，性温。

【功能主治】开胃进食，理气散寒，有助阳道。主治：中焦有寒，食欲减退，恶心呕吐，腹部冷痛；疝气疼痛，睾丸肿痛；脾胃气滞，脘腹胀满作痛。

79 天胡荽 *Hydrocotyle sibthorpioides*

科属：伞形科Umbelliferae　天胡荽属*Hydrocotyle* L.

别名：胡荽、石胡荽、鹅不食草、破钱草、破铜钱

形态特征：多年生草本，有气味。茎细长而匍匐。叶片膜质至草质，圆形或肾圆形，基部心形，两耳有时相接，不分裂或5～7裂。伞形花序与叶对生，单生于节上；小伞形花序有花5～18，花瓣卵形，绿白色，有腺点；花丝与花瓣同长或稍超出。果实略呈心形，中棱在果熟时极为隆起，成熟时有紫色斑点。花果期4～9月。

生境与分布：通常生长在湿润的草地、河沟边、林下，生于海拔475～3000米。我国广布。

药用价值：

【性味】苦辛，寒。

【功能主治】全草入药，有清热、利尿、消肿、解毒功效，主治黄疸、赤白痢疾、目翳、喉肿、痈疽疔疮、跌打瘀伤。

80 水芹 *Oenanthe javanica*

科属：伞形科 Umbelliferae 水芹属 *Oenanthe* L.

别名：刀芹、野芹菜、河芹、辣野菜、芹菜

形态特征：多年生草本植物，高15～80厘米，茎直立或基部匍匐。基生叶有柄，柄长达10厘米，基部有叶鞘；叶片轮廓三角形，1～3回羽状分裂，末回裂片卵形至菱状披针形。复伞形花序顶生；无总苞；伞辐6～16，不等长；小伞形花序有花20余朵；花瓣白色；花柱基圆锥形。果实近于四角状椭圆形或筒状长圆形。花期6～7月，果期8～9月。

生境与分布：多生于浅水低洼地方或池沼、水沟旁。原产亚洲东部。分布于中国长江流域。在世界各地被广泛种植。

药用价值：

【性味】甘，平。

【归经】归肺经、胃经、肝经。

【功能主治】清热利湿、止血、降血压。用于感冒发热、呕吐腹泻、尿路感染、崩漏、白带、高血压。平肝降压、镇静安神、利尿、抗癌防癌与养颜美容、促进食欲、保胃祛痰、降低血糖。

【民族用药】

［拉祜药］全草治痢疾、肝炎、咳嗽《拉祜医药》。

［傣药］帕安哦：用于清热解毒、利尿平肝《傣医药》。

［傈僳药］肋呙：治感冒发热、呕吐、腹泻、高血压《德宏药录》。

［哈尼药］哦郭哦搂：功用同傈僳族《德宏药录》。

［佤药］歹滚：全株用于外感风寒发热、呕吐腹泻、尿路感染、崩漏、白带、高血压病、失眠；全株降压，用于高血压引起的头昏、心慌意乱《滇省志》。

［德昂药］贡港，刀格绕：功用同佤族《滇省志》。

［基诺药］帕得帕懋：根及全草治尿路感染、腹冷痛《基诺药》。

线叶水芹 *Oenanthe linearis*

科属：伞形科Umbelliferae　水芹属*Oenanthe* L.

别名：水芹菜、细叶芹、西南水芹、线叶水芹菜、野芹菜

形态特征：多年生草本，高40～80厘米，光滑。茎直立，基部匍匐，空管状，少分枝，节上生不定根。叶片通常简化呈线形至狭卵状三角形，长6～15厘米，1～2回羽状分裂，末回裂片细小，线形，长0.5～1.5厘米，全缘，排列稀疏。

生境与分布：产云南、四川、贵州。生于山坡杂木林下溪边潮湿地；海拔1350～2800米。尼泊尔、印度、越南、印度尼西亚也有分布。

药用价值：

【性味】味辛，甘，性凉。

【归经】入肺经、胃经。

【功能主治】清热解毒、利尿、止血。主感冒、暴热烦渴、吐泻、水肿、小便不利、淋痛、尿血、便血、吐血、衄血、崩漏、经多、目赤、咽痛、喉肿、口疮、牙疳、乳痈、痈疽、瘰疬、疖腮、带状疱疹、痔疮、跌打伤肿。用于感冒发热、呕吐腹泻、尿路感染、崩漏、白带、高血压。

报春花科 Primulaceae

82 泽珍珠菜 *Lysimachia candida*

科属：报春花科Primulaceae　珍珠菜属*Lysimachia*

别名：星宿菜、白水花、水硼砂

形态特征：一年生或二年生草本。茎单生或数条簇生，直立，高10～30厘米，单一或有分枝。基生叶匙形或倒披针形；茎叶互生，很少对生，叶片倒卵形、倒披针形或线形。总状花序顶生；苞片线形；花冠白色；雄蕊稍短于花冠；子房无毛。蒴果球形。花期3～6月；果期4～7月。

生境与分布：产于陕西（南部）、河南、山东以及长江以南各省区。生于田边、溪边和山坡路旁潮湿处，垂直分布上限可达海拔2100米。

药用价值：

【性味】辛、涩、平。

【功能主治】全草入药，具有清热解毒、消肿散结之效，内服具有活血、调经之功效。可治疗月经不调、白带过多、跌打损伤等症。外用可治疗蛇咬伤等症。广西民间用全草捣烂，敷治痈疮和无名肿毒。

83 矮桃 *Lysimachia clethroides*

科属：报春花科 Primulaceae　珍珠菜属 *Lysimachia*

别名：珍珠草、调经草、尾脊草、劳伤药、伸筋散、九节莲

形态特征：多年生草本，全株多少被黄褐色卷曲柔毛。茎直立，高40～100厘米，圆柱形，基部带红色，不分枝。叶互生，两面散生黑色粒状腺点。总状花序顶生，盛花期长约6厘米，花密集，常转向一侧，后渐伸长，果时长20～40厘米；花冠白色；雄蕊内藏；花粉粒具3孔沟；子房卵珠形，花柱稍粗。蒴果近球形。花期5～7月；果期7～10月。

生境与分布：常生长在海拔300～2100米的山坡林缘、草丛中和湿润处。产于我国东北、华中、西南、华南、华东各省区以及河北、陕西等省。前苏联远东地区、朝鲜、日本也有分布。

药用价值：

【性味】辛、涩，平。

【功能主治】全草入药，活血调经、利水消肿。用于月经不调、带下病、小儿疳积、水肿、痢疾、跌打损伤、咽喉痛、乳痈、石淋、胆囊炎。

84 过路黄 *Lysimachia christiniae*

科属：报春花科 Primulaceae　珍珠菜属 *Lysimachia*

别名：金钱草、铺地莲、真金草、走游草

形态特征：茎柔弱，平卧延伸，长20～60厘米。叶对生，卵圆形、近圆形以至肾圆形；叶柄比叶片短或与之近等长。花单生叶腋；花梗长1～5厘米；花冠黄色，长7～15毫米，基部合生，具黑色长腺条；花丝下半部合生成筒；花粉粒具3孔沟；子房卵珠形。蒴果球形，有稀疏黑色腺条。花期5～7月，果期7～10月。

生境与分布：生于沟边、路旁阴湿处和山坡林下，垂直分布上限可达海拔2300米。产于我国大部分地区。

药用价值：

【性味】甘、咸，微寒。

【功能主治】本种为民间常用草药，功能为清热解毒、利尿排石。治胆囊炎、黄疸性肝炎、泌尿系统结石、肝胆结石、跌打损伤、毒蛇咬伤、毒蕈及药物中毒；外用治化脓性炎症、烧烫伤。

85 金爪儿 *Lysimachia grammica*

科属：报春花科 Primulaceae　珍珠菜属 *Lysimachia*

别名：小茹、五星黄、爬地黄、路边黄、大过路黄

形态特征：多年丛生草本。茎柔弱倾斜，全株具多细胞的柔毛；茎、叶、萼、花冠均具有显著的黑紫色条状线纹，叶下部对生，近三角状卵形；上部互生；叶柄短于叶片，两边具狭翅。花单一，腋生；萼5裂，裂片卵状披针形，边缘具柔毛；花冠黄色，裂片5，与萼等长；雄蕊5，花丝基部联合成短筒状；花柱稍长于雄蕊，基部有多细胞毛。蒴果球形。花期4月。果熟期10月。

生境与分布：生于山脚路旁、疏林下等阴湿处。产于江苏、浙江、安徽、江西、河南、湖北、四川、贵州及陕西南部等地。

药用价值：

【性味】性凉，味酸苦。

【功能主治】具理气活血、利尿、拔毒功效，主治小儿盘肠气痛、痈肿疮毒、毒蛇咬伤、跌打创伤。

86 黑腺珍珠菜 *Lysimachia heterogenea*

科属：报春花科Primulaceae　珍珠菜属*Lysimachia*

别名：满天星

形态特征：多年生草本，全体无毛。茎直立，高40～80厘米，四棱形，棱边有狭翅和黑色腺点。基生叶匙形，茎叶对生，叶片披针形或线状披针形，极少长圆状披针形，基部钝或耳状半抱茎，两面密生黑色粒状腺点。总状花序生于茎端和枝端；花冠白色；雄蕊与花冠近等长；花粉粒具3孔沟；子房无毛，柱头膨大。蒴果球形。花期5～7月；果期8～10月。

生境与分布：生于海拔230～1000米的沟边湿地草丛中、路边湿草甸、山谷、山坡林缘、田边。产于湖北、湖南、广东、江西、河南、安徽、江苏、浙江、福建。

药用价值：

【性味】苦、辛，性平。

【功能主治】全草入药，内服具有活血、调经之功效。可治疗月经不调、白带过多、跌打损伤等症。外用可治疗蛇咬伤等症。

87 荇菜 *Nymphoides peltatum*

科属：龙胆科 Gentianaceae　荇菜属 *Nymphoides*

别名：莕菜、莲叶莕菜、水荷叶、大浮萍、黄花荇菜、黄莲花

形态特征：多年生水生植物，枝条有二型，长枝匍匐于水底，如横走茎；短枝从长枝的节处长出。叶柄长度变化大，叶卵形，叶漂浮，上表面绿色，边缘具紫黑色斑块，下表面紫色，基部深裂成心形。花大而明显，直径约2.5厘米，花冠黄色，五裂；雄蕊五枚，雌蕊柱头二裂。子房基部具5个蜜腺，柱头2裂，片状。蒴果椭圆形。果实扁平，种子也是扁平状且边缘有刚毛；而同属的其他种类果实为椭圆体，种子则为透镜状。

生境与分布：生于海拔60～1800米的池塘或不甚流动的河溪中。原产中国，分布广泛。

药用价值：

【性味】甘、寒、无毒。

【功能主治】清热解毒、利尿消肿。用于痈肿疮毒、热淋、小便涩痛。

88 金银莲花 *Nymphoides indica*

科属：龙胆科Gentianaceae　荇菜属*Nymphoides*

别名：白花荇菜、白花莕菜、水荷叶、印度荇菜、印度莕菜

形态特征：多年生水生草本。茎圆柱形，不分枝，形似叶柄，顶生单叶。叶漂浮，宽卵圆形或近圆形，基部心形，全缘。花多数，簇生节上，5数；花冠白色，基部黄色，冠筒短，具5束长柔毛；雄蕊着生于冠筒上，花药箭形；子房圆锥形，花柱粗壮，柱头膨大，2裂，裂片三角形。蒴果椭圆形。花果期8～10月。

生境与分布：常生于海拔50～1530米以下的池塘、浅水湖等淡水中。分布于中国东北、华东、华南以及河北、云南。模式标本采自印度东部。印度、柬埔寨、越南、印度尼西亚至斐济等热带地区广泛分布。

药用价值：清热利尿，消肿解毒。

89 柔弱斑种草 *Bothriospermum tenellum*

科属：紫草科 Boraginaceae　斑种草属 *Bothriospermum* Bunge

别名：细累子草、细叠子草、细茎斑种草

形态特征：一年生草本，茎细，直立或平卧，多分枝，被短伏毛，高15～30厘米。叶椭圆形狭椭圆形，长1～3厘米，先端钝，两面被短伏毛；聚伞总状花序，花序柔弱；苞片椭圆形或窄卵形。花萼果期增大，被毛；花冠蓝色或淡蓝色，喉部附属物梯形；花柱圆柱形；小坚果肾形，腹面具纵椭圆形的环状凹陷；花果期2～10月。

生境与分布：生于海拔300～1900米的山坡路边、田间草丛、山坡草地及溪边阴湿处。分布于我国大部分地区。

药用价值：全草入药用，能止咳，治吐血。

90 臭牡丹 *Clerodendrum bungei*

科属：马鞭草科 Verbenaceae　大青属 *Clerodendrum*

别名：大红袍、臭八宝、野朱桐、臭枫草、臭珠桐

形态特征：灌木，高1～2米，植株有臭味；花序轴、叶柄密被褐色、黄褐色或紫色脱落性的柔毛；叶对生，叶片纸质，宽卵形或卵形；房状聚伞花序顶生，密集；花萼钟状；花冠淡红色、红色或紫红色，花冠管长2～3厘米，裂片倒卵形；雄蕊及花柱均突出花冠外；柱头2裂，子房4室。核果近球形，成熟时蓝黑色。花果期5～11月。

生境与分布：生于海拔2500米以下的山坡、林缘、沟谷、路旁、灌丛润湿处。产华北、西北、西南各省份。

药用价值：

【性味】苦，辛，平。

【功能主治】活血散瘀，消肿解毒。治痈疽、疔疮、乳腺炎、关节炎、湿疹、牙痛、痔疮、脱肛。根、茎、叶入药，有祛风解毒、消肿止痛之效，近来还用于治疗子宫脱垂。

①《纲目拾遗》："洗痔疮，治疗，一切痈疽，脱肛。"

②《福建民间草药》："活血散瘀，拔毒消痈。"

③《民间常用草药汇编》："健脾，养血，平肝。治崩带及小儿疝气。"

④ 江西《草药手册》："叶：有降压作用。"

⑤《浙江民间常用草药》："清热利湿，消肿解毒，止痛。"

马鞭草 *Verbena officinalis*

科属：马鞭草科 Verbenaceae　马鞭草属 *Verbena* Linn.

别名：野荆芥、龙芽草、凤颈草、退血草

形态特征：多年生草本，高30～120厘米。茎四方形。叶片卵圆形至倒卵形或长圆状披针形，茎生叶多数3深裂，两面均有硬毛。穗状花序顶生和腋生；苞片稍短于花萼，具硬毛；花冠淡紫至蓝色，裂片5；雄蕊4，着生于花冠管的中部；子房无毛。果长圆形，成熟时4瓣裂。花期6～8月，果期7～10月。

生境与分布：常生长在低至高海拔的路边、山坡、溪边或林旁。产中国大部分地区。

药用价值：

【性味】苦、凉。

【归经】入肝经、脾经。

【功能主治】清热解毒、活血散瘀、利水消肿。治外感发热、湿热黄疸、水肿、痢疾、疟疾、白喉、喉痹、淋病、经闭、症瘕、痈肿疮毒、牙疳。

92 藿香 *Agastache rugosa*

科属：唇形科 Labiatae　藿香属 *Agastache*

别名：土藿香、排香草、大叶薄荷、白薄荷、薄荷、川藿香

形态特征：多年生草本。茎直立，高0.5～1.5米，四棱形。叶心状卵形至长圆状披针形，基部心形，稀截形，边缘具粗齿；叶柄长1.5～3.5厘米。轮伞花序多花，在主茎或侧枝上组成顶生密集的圆筒形穗状花序，穗状花序长2.5～12厘米，直径1.8～2.5厘米。花萼管状倒圆锥形。花冠淡紫蓝色，冠檐二唇形。雄蕊伸出花冠。花柱与雄蕊近等长。花盘厚环状。子房裂片顶部具绒毛。成熟小坚果卵状长圆形。花期6～9月，果期9～11月。

生境与分布：喜欢生长在湿润、多雨的环境。中国各地广泛分布。

药用价值：

【功能主治】茎叶可入药，具有芳香化湿、发表解暑、和胃止呕、快气和中、健胃祛湿等功效。用于治疗头痛发热、风寒感冒、胸闷腹胀、胃寒疼痛、呕吐、泻痢、口臭等症。

94 香茶菜 *Rabdosia amethystoides*

科属：唇形科 Labiatae 香茶菜属 *Rabdosia*

别名：铁棱角、铁钉角、蛇总管

形态特征：多年生草本，高0.3～1.5米。茎直立，四棱形，密生倒向柔毛，有分枝。叶对生，卵形或卵状披针形。聚伞花序顶生，排列成疏散的圆锥花序；苞片和小苞片卵形；花萼钟状；花冠唇形，白色，上唇带蓝紫色，冠筒近基部呈浅囊状，上唇4浅裂，下唇阔圆形；雄蕊4枚，近等长；子房上位，4室，柱头2浅裂。小坚果卵形。花期8～9月，果期9～10月。

生境与分布：生于海拔200～920米的林下或草丛中的湿润处，产广东、广西、贵州、福建、台湾、江西、浙江、江苏、安徽及湖北。

药用价值：

【性味】辛、苦、凉。

【功能主治】全草入药，治闭经、乳痈、跌打损伤。根入药，治劳伤、筋骨酸痛、疮毒、蕲蛇咬伤等症，为治蛇伤要药。

95 宝盖草 *Lamium amplexicaule*

科属：唇形科 Labiatae　野芝麻属 *Lamium*

别名：珍珠莲、接骨草、莲台夏枯草

形态特征：一年生或二年生植物。茎高10～30厘米，四棱形，具浅槽，中空。茎下部叶具长柄，叶片均圆形或肾形。轮伞花序6～10花，其中常有闭花授精的花。花萼管状钟形。花冠紫红或粉红色，外面除上唇被有较密带紫红色的短柔毛外，余部均被微柔毛，冠檐二唇形，上唇直伸，下唇稍长。雄蕊花丝无毛，花药被长硬毛。花柱丝状。花盘杯状，具圆齿。小坚果倒卵圆形，具三棱。花期3～5月，果期7～8月。

生境与分布：生于路旁、林缘、沼泽草地及宅旁等地，或为田间杂草，海拔可高达4000米。欧洲、亚洲均有广泛的分布。

药用价值：

【性味】辛、苦，平。

【功能主治】有清热利湿、祛风、消肿解毒的功效，用于黄疸型肝炎、淋巴结结核、高血压、面神经麻痹、半身不遂；外用治跌打伤痛、骨折、黄水疮。

96 益母草 *Leonurus artemisia*

科属：唇形科 Labiatae　益母草属 *Leonurus*

别名：益母蒿、益母艾、红花艾、九节草

形态特征：一年或二年生草本，高 0.6～1 米，被微毛。叶对生；叶形多种，叶片略呈圆形，每裂片具 2～3 钝齿，基部心形；花多数，生于叶腋，呈轮伞状；苞片针刺状；花冠唇形，淡红色或紫红色；雄蕊 4，2 强；小坚果褐色，三棱状。花期 6～8 月，果期 7～9 月。

生境与分布：生于山野荒地、田埂、草地、溪边等处。全国大部分地区均有分布。

药用价值：

【性味】味辛、苦。

【归经】入心经、肝经、膀胱经。

【功能主治】有活血调经、利尿消肿、清热解毒之功效，主治月经不调、经闭、胎漏难产、胞衣不上、产后血晕、瘀血腹痛、跌打损伤、小便不利、水肿、痈肿疮疡。

薄荷 *Mentha haplocalyx*

科属：唇形科 Labiatae　薄荷属 *Mentha*

别名：苏薄荷、水薄荷、鱼香草、人丹草、五香

形态特征：多年生草本。茎直立，高 30～60 厘米，下部数节具纤细的须根及水平匍匐根状茎，锐四棱形，具四槽，上部被倒向微柔毛，下部仅沿棱上被柔毛，多分枝。叶片长圆状披针形，长 3～5（～7）厘米，宽 0.8～3 厘米，先端锐尖，侧脉 5～6 对。轮伞花序腋生，轮廓球形，花冠淡紫色。花期 7～9 月，果期 10 月。

生境与分布：产南北各地，生于水旁潮湿地，海拔可高达 3500 米。

药用价值：

【性味】辛，凉。

【归经】入肺经、肝经。

【功能主治】疏风、散热、辟秽、解毒、外感风热、头痛、咽喉肿痛、食滞气胀、口疮、牙痛、疮疥、温病初起、风疹瘙痒、肝郁气滞、胸闷胁痛。

98 紫苏 *Perilla frutescens*

科属：唇形科 Labiatae　紫苏属 *Perilla*

别名：桂荏、白苏、红苏、白紫苏、桂荏、赤苏

形态特征：一年生直立草本植物。茎高 0.3 ～ 2 米，绿色或紫色，钝四棱形，具四槽，密被长柔毛。叶阔卵形或圆形，两面绿色或紫色，或仅下面紫色。轮伞花序 2 花，组成长 1.5 ～ 15 厘米、密被长柔毛、偏向一侧的顶生及腋生总状花序。花萼钟形，萼檐二唇形。花冠白色至紫红色，冠檐近二唇形。雄蕊 4，花药 2 室；雌蕊 1，子房 4 裂；花盘在前边膨大；柱头 2 裂。小坚果近球形。花期 8 ～ 11 月，果期 8 ～ 12 月。

生境与分布：原产中国，华北、华中、华南、西南及台湾省均有野生种和栽培种。

药用价值：

【功能主治】紫苏叶能散表寒，发汗力较强，用于风寒表证，见恶寒、发热、无汗等症，常配生姜同用；如表证兼有气滞，可与香附、陈皮等同用。

99 夏枯草 *Prunella vulgaris*

科属：唇形科 Labiatae　夏枯草属 *Prunella*

别名：麦穗夏枯草、铁线夏枯草、麦夏枯

形态特征：茎直立，常带淡紫色。叶卵形或椭圆状披针形。轮伞花序顶生，呈穗状；花萼唇形；花冠紫色或白色，唇形，下部管状；雄蕊4，2强；子房4裂，花柱丝状。小坚果褐色，长椭圆形，具3棱。花期5～6月，果期6～7月。

生境与分布：生长在山沟水湿地或河岸两旁湿草丛、荒地、路旁，广泛分布于中国各地，以河南、安徽、江苏、湖南、湖北等省为主要产地。

药用价值：

【性味】苦、辛，寒。

【归经】入肝经、胆经。

【功能主治】清肝明目、清热散结。

①《本经》：主寒热、瘰疬、鼠瘘、头疮，破症，散瘿结气，脚肿湿痹。

②《本草衍义补遗》：补养血脉。

③《滇南本草》：祛肝风，行经络，治口眼歪斜。行肝气，开肝郁，止筋骨疼痛、目珠痛，散瘰疬、周身结核。

④《生草药性备要》：去痰消脓，治瘰疬，清上补下，去眼膜，止痛。

⑤《本草从新》：治瘰疬、鼠瘘、瘿瘤、症坚、乳痈、乳岩。

⑥《科学的民间药草》：有利尿杀菌作用。煎剂可洗创口，治化脓性外症；洗涤阴道，治阴户及子宫黏膜炎。

100 丹参 *Salvia miltiorrhiza*

科属：唇形科 Labiatae　鼠尾草属 *Salvia*

别名：紫丹参、红根、血参根、大红袍

形态特征：多年生草本。茎高 40～80 厘米。叶常为单数羽状复叶；小叶 3～7 叶，卵形或椭圆状卵形。轮伞花序 6 至多花，组成顶生或腋生假总状花序，密生腺毛或长柔毛；苞片披针形；花萼紫色，2 唇形；花冠蓝紫色，筒内有毛环，上唇镰刀形，下唇短于上唇，3 裂，中间裂片最大。花期 4～6 月，果期 7～8 月。

生境与分布：生于山坡草地、林下、溪旁。主产四川、山西、河北、江苏、安徽等地。

药用价值：

【性味】苦、微寒。

【归经】入心经、肝经。

【功能主治】丹参，中药名。为唇形科植物丹参的干燥根和根茎。具有活血祛瘀、通经止痛、清心除烦、凉血消痈之功效。用于胸痹心痛、脘腹胁痛、癥瘕积聚、热痹疼痛、心烦不眠、月经不调、痛经经闭、疮疡肿痛祛瘀止痛、活血通经、清心除烦。

101 荔枝草 *Salvia plebeia*

科属：唇形科 Labiatae　鼠尾草属 *Salvia*

别名：雪见草、癞蛤蟆草、青蛙草、皱皮草

形态特征：一年生或二年生草本。茎直立，高 15～90 厘米。叶椭圆状卵圆形或椭圆状披针形。轮伞花序 6 花，多数，在茎、枝顶端密集组成总状或总状圆锥花序，花序长 10～25 厘米。花萼钟形，外面被疏柔毛，二唇形。花冠淡红、淡紫、紫、蓝紫至蓝色，稀白色，冠檐二唇形。能育雄蕊 2。花柱和花冠等长。花盘前方微隆起。小坚果倒卵圆形。花期 4～5 月，果期 6～7 月。

生境与分布：生于山坡、路旁、沟边、田野潮湿的土壤上，海拔可至 2800 米。除新疆、甘肃、青海及西藏外几乎全国各地均产。

药用价值：

【性味】苦、辛，凉。

【功能主治】清热解毒、利尿消肿、凉血止血。用于扁桃体炎、肺结核咯血、支气管炎、腹水肿胀、肾炎水肿、崩漏、便血、血小板减少性紫癜；外用治痈肿、痔疮肿痛、乳腺炎、阴道炎。

169

102 韩信草 *Scutellaria indica*

科属：唇形科 Labiatae　黄芩属 *Scutellaria*

别名：耳挖草、金茶匙、大韩信草、大叶半枝莲、笑药草

形态特征：多年生草本，全体被毛，高10～37厘米。叶对生；叶柄长5～15毫米；叶片草质至坚纸质，心状卵圆形至椭圆形。花轮有花2朵，集成偏侧的顶生部状花序；花萼钟状；花冠蓝紫色，2唇形；雄蕊2对，不伸出；花柱细长，子房光滑，4裂。小坚果横生，有小瘤状突起。花期4～5月，果期6～9月。

生境与分布：生于海拔1500米以下的山地或丘陵地、疏林下、路旁空地及草地上。产我国大部分地区。

药用价值：

【性味】味辛、苦，寒。

【功能主治】清热解毒、活血止痛、止血消肿。主治痈肿疔毒、肺痈、肠痈、瘰疬、毒蛇咬伤、肺热咳喘、牙痛、喉痹、咽痛、筋骨疼痛、吐血、咯血、便血、跌打损伤、创伤出血、皮肤瘙痒。

103 水苏 *Stachys japonica*

科属：唇形科 Labiatae　水苏属 *Stachys*

别名：鸡苏、还精草、天芝麻、元宝草、芝麻草、宽叶水苏

形态特征：多年生草本，高 15 ～ 60（～ 80）厘米。茎直立。叶片卵状长圆形。轮伞花序多轮，每轮6花，于茎顶或分枝顶端集成穗状花序；花萼钟形，外被腺毛，萼齿5，具刺尖，花冠紫红色，长 1 ～ 1.2 厘米，花冠筒稍超出花萼，上唇较短，直伸，外面密生腺毛，下唇3裂；雄蕊4，花柱先端2裂。小坚果卵形。

生境与分布：生于水沟、河岸等湿地上，海拔在230米以下。分布于中国大部分地区。

药用价值：

【功能主治】民间用全草或根入药，疏风理气、止血消炎。主治感冒、痧症、肺痿、肺痈、头风目眩、口臭、咽痛、痢疾、产后中风、吐血、衄血、血崩、血淋、跌打损伤。

少花荠苧 *Mosla pauciflora*

科属：唇形科 Labiatae　石荠苧属 *Mosla*

别名：香薷、少花荠宁、少花石荠宁

形态特征：一年生直立草本。茎高（15～）20～70厘米，多分枝，茎、枝均四棱形，具浅槽，被白色倒向疏短柔毛。叶披针形至狭披针形。总状花序长1.2～10厘米；花萼钟形，外面被白色疏柔毛，近二唇形。花冠紫色，外被微柔毛，内面仅下唇中裂片下方略具髯毛，冠檐二唇形，上唇直伸，下唇3裂。雄蕊4。花柱先端相等2浅裂。花盘前方呈指状膨大。小坚果黑褐色，球形。花期9～10月，果期10月。

生境与分布：生于海拔980～1350米的路旁、林缘或溪畔，产湖北、贵州及四川。模式标本采自湖北利川。

药用价值：

【功能主治】全草用于感冒、咽喉肿痛、中暑、吐泻等。

105 马蹄金 *Dichondra repens*

科属：旋花科Convolvulaceae　马蹄金属*Dichondra*

别名：荷苞草、小金钱、小灯盏、金马蹄草

形态特征：多年生匍匐小草本，茎细长，节上生根。叶肾形至圆形，基部阔心形。花单生叶腋，花柄短于叶柄；萼片倒卵状长圆形至匙形；花冠钟状，黄色，深5裂；雄蕊5，着生于花冠2裂片间弯缺处；子房2室，具4枚胚珠，花柱2，柱头头状。蒴果近球形。

生境与分布：生于海拔1300～1980米的山坡草地、路旁或沟边。我国长江以南各省及台湾省均有分布。

药用价值：

【性味】辛、平。

【功能主治】全草供药用，有清热利尿、祛风止痛、止血生肌、消炎解毒、杀虫之功效。可治急慢性肝炎、黄疸型肝炎、胆囊炎、肾炎、泌尿系感染、扁桃腺炎、口腔炎及痈疔疔毒、毒蛇咬伤、乳痈、痢疾、疟疾、肺出血等。

106 蕹菜 *Ipomoea aquatica*

科属：旋花科 Convolvulaceae　番薯属 *Ipomoea* L.

别名：空心菜、通菜蓊、竹叶菜

形态特征：一年生草本，蔓生或漂浮于水。茎圆柱形，有节，节间中空，节上生根。叶片形状、大小有变化；叶柄长 3～14 厘米。聚伞花序腋生，具 1～3（～5）朵花；花冠白色、淡红色或紫红色，漏斗状，长 3.5～5 厘米；雄蕊不等长；子房圆锥状，无毛。蒴果卵球形至球形。

生境与分布：该种原产中国，作为一种蔬菜广泛栽培，或有时亦为野生状态。分布遍及热带亚洲、非洲和大洋洲。

药用价值：

茎叶：

【性味】甘、寒。

【归经】归大肠经、胃经。

【功能主治】凉血止血、清热利湿。主治鼻衄、便秘、淋浊、便血、尿血、痔疮、痈肿、折伤、蛇虫咬伤。

根：

【性味】淡、平。

【归经】归肾经、肺经、脾经。

【功能主治】健脾利湿。主治妇女白带、虚淋。

107 车前 *Plantago asiatica*

科属：车前科 Plantaginaceae　车前属 *Plantago*
别名：车前草、五根草、车轮菜

形态特征：多年生草本，连花茎高达50厘米。叶根生，具长柄，几与叶片等长或长于叶片；叶片卵形或椭圆形。穗状花序为花茎的2/5～1/2；花淡绿色；花萼4，基部稍合生；花冠小，花冠管卵形；雄蕊4；雌蕊1，子房上位。蒴果卵状圆锥形，成熟后约在下方2/5处周裂。花期6～9月，果期7～10月。

生境与分布：生长在山野、路旁、花圃、河边等地。我国大部分地区有分布。

药用价值：

【性味】甘、淡，性微寒。

【归经】归肺经、肝经、肾经、膀胱经。

【功能主治】清热利尿、渗湿止泻、明目、祛痰。主治小便不利、淋浊带下、水肿胀满、暑湿泻痢、目赤障翳、痰热咳喘。

108 母草 *Lindernia crustacea*

科属：玄参科 Scrophulariaceae　母草属 *Lindernia*

别名：四方草、小叶蛇针草、蛇通管、气痛草

形态特征：一年生草本，高8～20厘米，披散，多分枝，秃净或稍被疏毛，叶对生，具短柄；叶片卵形，先端钝或短尖，基部阔楔形或浑圆，有极疏的锯齿。花腋生，或在上部的为总状花序；花柄长1～3厘米；萼5裂，绿色或淡紫色，膜质，有脉5条，裂片短尖；花冠管圆筒状，2唇形，上唇2裂，下唇3裂，紫色雄蕊4；子房上位。蒴果长椭圆形或卵形，藏于宿萼内。花期7月。

生境与分布：生于沟边、水田中。分布于我国南部。

药用价值：

【功能主治】全草可入药，清热利湿、解毒。治感冒，急、慢性菌痢，肠炎，痈疖疔肿。

109 宽叶母草 *Lindernia nummularifolia*

科属：玄参科 Scrophulariaceae 母草属 *Lindernia*

别名：小地扭、飞疗药

形态特征：一年生草本，高5～15厘米；茎直立，茎枝多少四角形。叶无柄或有短柄；叶片宽卵形或近圆形，基部宽楔形或近心形；花冠紫色，少有蓝色或白色，上唇直立，卵形，下唇开展，3裂；雄蕊4，全育。蒴果长椭圆形；种子棕褐色。花期7～9月，果期8～11月。

生境与分布：喜生于海拔1800米以下的田边、沟旁等湿润处。分布于陕西、甘肃、浙江省、江西、湖北、湖南、广西、重庆、四川、云南、西藏。

药用价值：

【性味】苦、涩、平。

【归经】入肺经。

【功能主治】有凉血止血的功效，用于咯血。

110 匍茎通泉草 *Mazus miquelii*

科属：玄参科 Scrophulariaceae　通泉草属 *Mazus*

别名：匍匐通泉草、匍苓通泉草

形态特征：多年生草本，高 10 ～ 15 厘米。茎有直立茎和匍匐茎；基生叶常多数成莲座状，倒卵状匙形，有长柄；茎生叶在直立茎上的多互生，卵形或近圆形；总状花序顶生；花萼钟状漏斗形，萼齿与萼筒等长，披针状三角形；花冠紫色或白色而有紫斑，倒卵圆形；蒴果。花果期 2 ～ 8 月。

生境与分布：生于海拔 300 米以下的潮湿的路旁、荒林及疏林中。分布于江苏、安徽、浙江、江西、湖南、广西、福建、台湾。日本也有。

药用价值：止痛，解毒。

111 通泉草 *Mazus japonicus*

科属：玄参科 Scrophulariaceae　通泉草属 *Mazus*

别名：汤湿草、猪胡椒、鹅肠草、绿蓝花、五瓣梅、猫脚迹、尖板猫儿草、黄瓜香

形态特征：一年生草本，3～30厘米，无毛或疏生短柔毛。本种在体态上变化幅度很大，茎1～5支或有时更多，直立，上升或倾卧状上升。基生叶少到多数，有时成莲座状或早落，倒卵状匙形至卵状倒披针形；茎生叶对生或互生。总状花序生于茎、枝顶端，常在近基部即生花，伸长或上部成束状，通常3～20朵，花稀疏；花萼钟状；花冠白色、紫色或蓝色，上唇裂片卵状三角形，下唇中裂片较小。蒴果球形。花果期4～10月。

生境与分布：生于海拔2500米以下的湿润的草坡、沟边、路旁及林缘。遍布全国。越南、俄罗斯、朝鲜、日本、菲律宾也有。

药用价值：

【性味】苦，平。

【功能主治】止痛，健胃，解毒。用于偏头痛、消化不良；外用治疗疮、脓疱疮、烫伤。

112 弹刀子菜 *Mazus stachydifolius*

科属：玄参科 Scrophulariaceae　通泉草属 *Mazus*

别名：水苏叶通泉草、四叶细辛

形态特征：多年生草本，高10～50厘米。粗壮，全株被白色长柔毛。茎直立，圆柱形，不分枝或基部分枝。基生叶匙形；茎生叶对生，上部的常互生；叶片长椭圆形至倒卵状披针形。总状花序顶生，长2～20厘米，花稀疏；苞片三角形；花萼漏斗状，长0.5～1厘米，比花梗长；花冠长1.5～2厘米；雄蕊4枚，二强；子房上部被长硬毛。蒴果扁卵球形。花期4～6月，果期7～9月。

生境与分布：生于路旁、田野；分布于东北、华北，南至广东、台湾，西至四川、陕西等省。

药用价值：

【性味】微辛，凉。

【功能主治】解蛇毒。用于毒蛇咬伤。

113 水苦荬 *Veronica undulata*

科属：玄参科 Scrophulariaceae 婆婆纳属 *Veronica* L.

别名：半边山、水莴苣、水菠菜

形态特征：一年或二年生草本，全体无毛，或于花柄及苞片上稍有细小腺状毛。茎直立，高25～90厘米，富肉质，中空。叶对生。总状花序腋生，长5～15厘米；苞片椭圆形，细小，互生；花萼4裂；花冠淡紫色或白色，具淡紫色的线条；雄蕊2；雌蕊1，子房上位，柱头头状。蒴果近圆形。花期4～6月。

生境与分布：生长于水田或溪边。分布于河北、江苏、安徽、浙江、四川、云南、广西、广东等地。

药用价值：

【性味】苦，凉。

①《救荒本草》："叶：味微苦，性寒。"

②《四川中药志》："性寒，味苦，无毒。"

③《贵州草药》："性平，味甘。"

【功能主治】清热利湿、止血化瘀。治感冒、喉痛、劳伤咯血、痢疾、血淋、月经不调、疝气、疔疮、跌打损伤。

114 爵床 *Rostellularia procumbens*

科属：爵床科 Acanthaceae　爵床属 *Rostellularia*

别名：六角英、赤眼老母草、孩儿草

形态特征：茎基部匍匐，通常有短硬毛，高 20～50 厘米。叶椭圆形至椭圆状长圆形，长 1.5～3.5 厘米，宽 1.3～2 厘米。穗状花序顶生或生上部叶腋；苞片 1，小苞片 2，有缘毛；花萼裂片 4，线形；花冠粉红色，2 唇形，下唇 3 浅裂；雄蕊 2，蒴果长约 5 毫米，上部具 4 粒种子，下部实心似柄状。

生境与分布：生于旷野草地和路旁的阴湿处，为习见野草。

药用价值：

【性味】微苦，寒。

【归经】归肺经、肝经、膀胱经。

【功能主治】清热解毒，利尿消肿，截疟。用于感冒发热、疟疾、咽喉肿痛、小儿疳积、痢疾、肠炎、肾炎水肿、泌尿系感染、乳糜尿；外用治痈疮疖肿、跌打损伤。

115 透骨草 *Phryma leptostachya*

科属：透骨草科Phrymaceae　透骨草属*Phryma* L.

别名：粘人裙、接生草、毒蛆草、倒刺草、蝇毒草

形态特征：多年生草本，高（10～)30～80(～100）厘米。叶对生，叶片卵状长圆形、卵状披针形、卵状椭圆形至卵状三角形或宽卵形；穗状花序生茎顶及侧枝顶端；花出自苞腋；花冠蓝紫色、淡红色至白色；雄蕊4；瘦果狭椭圆形。花期6～10月，果期8～12月。

生境与分布：生于海拔380～2800米阴湿山谷或林下。产于中国大部分地区。

药用价值：

【性味】甘、辛，温。

【归经】入肺经、肝经。

【功能主治】全草入药，治感冒、跌打损伤，外用治毒疮、湿疹、疥疮。根及叶的鲜汁或水煎液对菜粉蝶、家蝇和三带喙库蚊的幼虫有强烈的毒性。根含透骨草素及透骨草醇乙酸酯，后者为杀虫成分。民间用全草煎水消灭蝇蛆和菜青虫。

116 猪殃殃 *Galium aparine var. tenerum*

科属：茜草科Rubiaceae　拉拉藤属*Galium* Linn.

别名：拉拉藤、爬拉殃、八仙草、锯子草

形态特征：多枝、蔓生或攀援状草本，通常高30～90厘米；茎有4棱角；棱上、叶缘、叶脉上均有倒生的小刺毛。叶纸质或近膜质，6～8片轮生，稀为4～5片。聚伞花序腋生或顶生，少至多花，花小，4数；花萼被钩毛；花冠黄绿色或白色；子房被毛，柱头头状。果干燥，有1或2个近球状的分果爿。花期3～7月，果期4～11月。

生境与分布：生于海拔20～4600米的山坡、旷野、沟边、河滩、田中、林缘、草地。我国除海南及南海诸岛外，全国均有分布。

药用价值：

【性味】辛、苦，凉。

【功能主治】清热解毒，利尿消肿。用于感冒，牙龈出血，急、慢性阑尾炎，泌尿系感染，水肿，痛经，崩漏，白带，癌症，白血病；外用治乳腺炎初起、痈疖肿毒、跌打损伤。

117 茜草 *Rubia cordifolia*

科属：茜草科Rubiaceae　茜草属*Rubia*

别名：红丝线、小活血、拈拈草、茜草茎、血茜草、血见愁

形态特征：草质攀援藤木，长通常1.5～3.5米；根状茎和其节上的须根均红色；茎数至多条，从根状茎的节上发出，细长，方柱形，有4棱，棱上生倒生皮刺，中部以上多分枝。叶通常4片轮生，纸质，披针形或长圆状披针形，长0.7～3.5厘米，顶端渐尖，有时钝尖，基部心形，边缘有齿状皮刺，两面粗糙，脉上有微小皮刺；基出脉3条，极少外侧有1对很小的基出脉。

生境与分布：生于山坡、路旁、溪边、山谷阴湿处、村落丛林边、林缘灌木丛中。中国大部分省区有产；亚洲热带地区南至澳大利亚等地也有。

药用价值：

【性味】苦，寒。

【归经】归肝经。

【功能主治】凉血活血，祛瘀，通经。用于吐血、衄血、崩漏下血、外伤出血、经闭瘀阻、关节痹痛、跌打肿痛。本品止血而不留瘀。

118 盒子草 *Actinostemma tenerum*

科属：葫芦科Cucurbitaceae　盒子草属*Actinostemma*

别名：黄丝藤、天球草、鸳鸯木鳖

形态特征：一年生柔弱草本；枝纤细；叶形变异大，心状戟形、心状狭卵形或披针状三角形。雄花总状，有时圆锥状；花冠裂片披针形；雄蕊5，花丝被柔毛或无毛，药隔稍伸出于花药成乳头状。雌花单生、双生或雌雄同序；雌花梗具关节，花萼和花冠同雄花。果实绿色，卵形，阔卵形，长圆状椭圆形。花期7～9月，果期9～11月。

生境与分布：多生于水边草丛中。海拔1000米以下。产于辽宁、河北、河南、四川、西藏南部、云南西部、广西、江西、福建、台湾等。

药用价值：

【性味】苦、寒。

【功能主治】利尿消肿、清热解毒。用于肾炎水肿、湿疹、疮疡肿毒。

119 杏叶沙参 *Adenophora hunanensis*

科属：桔梗科 Campanulaceae　沙参属 *Adenophora*

别名：荠苨

形态特征：多年生草本。根圆柱形，茎高 60～120 厘米，不分枝。茎生叶至少下部的具柄，叶片卵圆形、卵形至卵状披针形。花序分枝长，几乎平展或弓曲向上，常组成大而疏散的圆锥花序，极少分枝很短或长而几乎直立因而组成窄的圆锥花序。花冠钟状，蓝色、紫色或蓝紫色，长 1.5～2 厘米；花盘短筒状；花柱与花冠近等长。蒴果球状椭圆形，或近于卵状。种子椭圆状，有一条棱。花期 7～9 月。

生境与分布：生于海拔 2000 米以下的山坡草地和林缘草地。产于我国大部分地区。

药用价值：

【性味】甘微苦，凉。

【归经】入肺经、肝经。

【功能主治】养阴清肺、祛痰止咳。治肺热燥咳、虚痨久咳、阴伤咽干喉痛。

120 蓝花参 *Wahlenbergia marginata*

科属：桔梗科Campanulaceae　蓝花参属 *Wahlenbergia*

别名：细叶沙参、金线吊葫芦、毛鸡脚

形态特征：多年生草本，有白色乳汁。茎自基部多分枝，直立或上升，长10～40厘米。叶互生。花梗极长；花冠钟状，蓝色，分裂达2/3。蒴果倒圆锥状或倒卵状圆锥形。种子矩圆状，黄棕色。花果期2～5月。

生境与分布：生于低海拔的田边、路边和荒地中，有时生于山坡或沟边。产长江流域以南各省区。

药用价值：

【性味】甘，平。

【功能主治】益气补虚、祛痰、截疟。用于病后体虚、小儿疳积、支气管炎、肺虚咳嗽、疟疾、高血压病、白带。

121 半边莲 *Lobelia chinensis*

科属：桔梗科Campanulaceae　半边莲属*Lobelia*

别名：细米草、半边花、水仙花草

形态特征：茎细弱，匍匐，高6～15厘米，无毛。叶互生。花通常1朵，生分枝的上部叶腋；花萼筒倒长锥状；花冠粉红色或白色；雄蕊长约8毫米，花丝中部以上联合。蒴果倒锥状。种子椭圆状，近肉色。花果期5～10月。

生境与分布：生于水田边、沟旁、路边等湿处。产于华东、华南、西南、中南各地。

药用价值：

【性味】味甘，性平。

【归经】归心经、肺经、小肠经。

【功能主治】具有利水、消肿、解毒的功效，治黄疸、水肿、鼓胀、泄泻、痢疾、蛇伤、疔疮、肿毒、湿疹、癣疾、湿热黄疸、阑尾炎、肠炎、肾炎等。

122 野艾蒿 *Artemisia lavandulaefolia*

科属：菊科Compositae　蒿属*Artemisia*

别名：野艾蒿、野艾、小叶艾、狭叶艾、艾叶、苦艾

形态特征：多年生草本。茎直立，高50～120厘米；叶纸质，具密的白色腺点；头状花序椭圆形，极多数，下倾，在茎上组成圆锥花序；雌花4～9朵；两性花10～20朵，其冠檐均为紫红色；瘦果。花果期8～10月。

生境与分布：多生于低或中海拔地区的路旁、林缘、山坡、草地、山谷、灌丛及河湖滨草地等。产我国大部分地区。

药用价值：

【性味】苦辛、温，无毒。

【归经】入脾经、肝经、肾经。

【功能主治】理气血、逐寒湿；温经、止血、安胎。治心腹冷痛、泄泻转筋、久痢、吐衄、下血、月经不调、崩漏、带下、胎动不安、痈疡、疥癣。

123 狼杷草 *Bidens tripartita*

科属：菊科 Compositae　鬼针草属 *Bidens*

别名：鬼针、鬼叉、鬼刺

形态特征：一年生草本，高 20～100（～200）厘米。茎直立，近四棱形。基生叶及茎下部叶花期枯萎；茎中部叶对生。头状花序单生于茎或枝端；具长梗；总苞盘状或近钟形，外层叶状，长圆状披针形、匙形或倒披针形。花果期 8～10 月。

生境与分布：该植物适应性强，山坡、山谷、溪边、草丛及路旁均有野生，喜温暖潮湿环境。生于水边湿地、沟渠及浅水滩，亦生于路边荒野，常发生在稻田边，是常见杂草。

药用价值：

【性味】苦、甘、平。

【功能主治】全草入药，能清热解毒、养阴敛汗。主治感冒、扁桃体炎、咽喉炎、肠炎、痢疾、肝炎、泌尿系统感染、肺结核盗汗、闭经；外用治疖肿、湿疹、皮癣。

124 鬼针草 *Bidens pilosa*

科属：菊科Compositae　鬼针草属*Bidens*

别名：三叶鬼针草、四方枝、虾钳草、蟹钳草等

形态特征：一年生草本，茎直立，高30～100厘米，钝四棱形，无毛或上部被极稀疏的柔毛，基部直径可达6毫米，总苞基部被短柔毛，苞片7～8枚，条状匙形，上部稍宽，顶端芒刺3～4枚，长1.5～2.5毫米，具倒刺毛。

生境与分布：产于华东、华中、华南、西南各省区。生于村旁、路边及荒地中。广布于亚洲和美洲的热带和亚热带地区。

药用价值：

【功能主治】有清热解毒、散瘀活血的功效，主治上呼吸道感染、咽喉肿痛、急性阑尾炎、急性黄疸型肝炎、胃肠炎、风湿关节疼痛、疟疾，外用治疮疖、毒蛇咬伤、跌打肿痛。

125 鳢肠 *Eclipta prostrata*

科属：菊科Compositae　鳢肠属*Eclipta*

别名：乌田草、墨旱莲、旱莲草、乌心草

形态特征：幼苗子叶椭圆形或近圆形，初生叶2个，椭圆形。成株茎从基部和上部分枝，被伏毛，株高15～60厘米。叶对生，被粗伏毛，叶片长披针形、椭圆状披针形或条状披针形，全缘或具细锯齿。头状花序顶生或腋生；总苞片5～6枚，具毛；托片披针形或刚毛状；边花舌状，全缘或2裂；心花筒状，4个裂片。筒状花的瘦果三棱状，舌状花的瘦果四棱形，表面具瘤状突起，无冠毛。

生境与分布：见于路边、田边、塘边及河岸，亦生于潮湿荒地或丢荒的水田中。分布于全国各省区。

药用价值：

【功能主治】全草药用，有收敛、止血、补肝肾之功效。

126 牛膝菊 *Galinsoga parviflora*

科属：菊科 Compositae　牛膝菊属 *Galinsoga*

别名：辣子草、向阳花、珍珠草、铜锤草

形态特征：一年生草本，高10～80厘米。叶对生，卵形或长椭圆状卵形。叶及茎的表面覆盖稀疏的短茸毛。具基出三脉或不明显的五出脉；上部叶较小，通常披针形。头状花序有长梗，排成疏松的伞房花序，花序梗的毛长约0.2毫米；总苞半球形或宽钟状，宽3～6毫米；舌状花4～5枚，舌片白色，先端3齿裂；管状花冠黄色，鳞片（萼片）先端无钻形尖头。瘦果黑色或黑褐色，长1～1.5毫米，具3～5棱。花果期7～10月。

生境与分布：生长于林下、河谷地、荒野、河边、田间、溪边或市郊路旁。产于四川、云南、贵州、西藏等省区。原产南美洲，在我国归化。

药用价值：

【功能主治】全草药用，有止血、消炎之功效，对扁桃体炎、咽喉炎、急性黄疸型肝炎有一定的疗效。

稻槎菜 *Lapsanastrum apogonoides*

科属：菊科 Compositae　稻槎菜属 *Lapsana*

别名：禾槁草

形态特征：一年生矮小草本，高7～20厘米。茎细，自基部发出多数或少数的簇生分枝及莲座状叶丛。基生叶全形椭圆形、长椭圆状匙形或长匙形；茎生叶少数，与基生叶同形并等样分裂。头状花序小，果期下垂或歪斜，少数（6～8枚）在茎枝顶端排列成疏松的伞房状圆锥花序；全部总苞片草质。舌状小花黄色，两性。瘦果淡黄色。花果期1～6月。

生境与分布：生于田野、荒地及路边。日本、朝鲜有分布。我国分布于陕西、江苏、安徽、浙江、福建、江西、湖南、广东、广西、云南。

药用价值：

【性味】苦、寒，无毒。

【功能主治】清热解毒、发表透疹。主治咽喉肿痛、痢疾、疮疡肿毒、蛇咬伤、麻疹透发不畅。

其他用途：民间常采作野菜。

128 拟鼠麴草 *Pseudognaphalium affine*

科属：菊科 Compositae　鼠麴草属 *Gnaphalium*

别名：菠菠草、佛耳草、软雀草、蒿菜、面蒿、清明菜、水蕲等、无心、无心草、田艾

形态特征：一年生草本，高10～40厘米或更高。叶无柄；头状花序较多或较少数，近无柄，在枝顶密集成伞房花序，花黄色至淡黄色；雌花多数，花冠细管状；两性花较少，管状；瘦果倒卵形或倒卵状圆柱形。花期1～4月，果期8～11月。

生境与分布：生于低海拔干地或湿润草地上，尤以稻田处多见。最常见产我国台湾、华东、华南、华中、华北、西北及西南各省区。

药用价值：

【功能主治】化痰、止咳、祛风寒。治咳嗽痰多、气喘、感冒风寒、蚕豆病、筋骨疼痛、白带、痈疡。

129 山莴苣 *Lactuca sibirica*

科属：菊科 Compositae　莴苣属 *Lactuca*

别名：北山莴苣、西伯利亚山莴苣

形态特征：多年生草本，高 50 ～ 130 厘米。茎直立，通常单生，常淡红紫色，上部伞房状或伞房圆锥状花序分枝。头状花序含舌状小花约 20 枚；总苞片 3 ～ 4 层，通常淡紫红色。舌状小花蓝色或蓝紫色。瘦果长椭圆形或椭圆形，褐色或橄榄色，压扁；冠毛白色，2层，冠毛刚毛纤细，锯齿状，不脱落。花果期 7 ～ 9 月。

生境与分布：生于林缘、林下、草甸、河岸、湖地水湿地。分布黑龙江、吉林、辽宁、内蒙古、河北、山西、陕西、甘肃、青海、新疆。

药用价值：

【性味】性寒，味苦。

【功能主治】全草均可入药，有清热解毒、活血祛瘀、健胃之功效，可治疗阑尾炎、扁桃腺炎、疮疖肿毒、宿食不消、产后瘀血。

130 苦苣菜 *Sonchus oleraceus*

科属：菊科 Compositae　苦苣菜属 *Sonchus*

别名：苦菜、苦苣

形态特征：一年生或二年生草本植物。茎直立，单生，高40～150厘米，有纵条棱或条纹，不分枝或上部有短的伞房花序状或总状花序式分枝，全部茎枝光滑无毛，或上部花序分枝及花序梗被头状具柄的腺毛。基生叶羽状深裂；头状花序少数在茎枝顶端排成紧密的伞房花序或总状花序或单生茎枝顶端。总苞宽钟状，长1.5厘米，宽1厘米；苞片3～4层，覆瓦状排列。舌状小花多数，黄色。瘦果褐色。花果期5～12月。

生境与分布：生于海拔170～3200米的山坡或山谷林缘、林下或平地田间、空旷处或近水处，几乎全球有分布。

药用价值：

【功能主治】清热解毒、凉血止血。主治肠炎、痢疾、黄疸、淋证、咽喉肿痛、痈疮肿毒、乳腺炎、痔瘘、吐血、衄血、咯血、尿血、便血、崩漏。

131 黄鹌菜 *Youngia japonica*

科属：菊科Compositae 黄鹌菜属*Youngia*

别名：毛连连、野青菜、还阳草

形态特征：一年生或二年生草本，高10～60厘米。植物体有乳汁，白色。茎直立。基生叶丛生；茎生叶互生，少数。头状花序小而窄，具长梗，排列成聚伞状圆锥花丛；舌状花黄色，花冠先端具5齿，具细短软毛。瘦果红棕色或褐色；冠毛白色，和瘦果近等长。花果期4～11月。

生境与分布：生于山坡、山谷及山沟林缘、林下、林间草地及潮湿地上。除东北、华北、西北等地外，全国都有分布。

药用价值：

【功能主治】清热解毒、利尿消肿、止痛。主治感冒、咽痛、眼结膜炎、乳痈、牙痛、疮疖肿毒、毒蛇咬伤、痢疾、肝硬化腹水、急性肾炎、淋浊、血尿、白带、风湿关节炎、跌打损伤。外用治疮疖肿毒。

四、单子叶植物

泽泻科 Alismataceae

132 矮慈姑 *Sagittaria pygmaea*

科属：泽泻科Alismataceae　慈姑属*Sagittaria*

别名：凤梨草、瓜皮草、线叶慈姑

形态特征：一年生，稀多年生沼生或沉水草本。叶条形，稀披针形，长2～30厘米，宽0.2～1厘米。花葶高5～35厘米，直立，通常挺水。花序总状，长2～10厘米，具花2～3轮；花单性，外轮花被片绿色，内轮花被片白色；雌花1朵，单生，或与两朵雄花组成1轮；雄花具梗，雄蕊多。瘦果具翅。花果期5～11月。

生境与分布：生于沼泽、水田、沟溪浅水处。产我国大部分地区。

药用价值：

【性味】甘、苦，凉。

【功能主治】全草入药，清热解毒，除湿镇痛。用于无名肿毒、小便淋痛、咽喉痛；外用于痈肿、蛇咬伤。

【民族用药】

［苗药］贺草，失盘端：全草治喉痛，外敷痈肿《湘蓝考》。瓜皮草，鸭舌头：全株治喉炎、痈肿、湿疹《滇省志》。

133 野慈姑 *Sagittaria trifolia*

科属：泽泻科 Alismataceae　慈姑属 *Sagittaria*

别名：狭叶慈姑、慈姑、水慈姑、水芋

形态特征：多年生水生或沼生草本。挺水叶箭形。花葶直立，挺水，高（15～）20～70厘米，或更高。花序总状或圆锥状，具花多轮，每轮2～3花。花单性；雌花通常1～3轮，心皮多数；雄花多轮，花梗斜举，雄蕊多数。瘦果两侧压扁，倒卵形，具翅。花果期5～10月。

生境与分布：生于湖泊、池塘、沼泽、沟渠、水田等水域。中国各地均有分布。

药用价值：

【性味】辛、甘、寒，有小毒。

【归经】入肺经、肝经、肾经。

【功能主治】解毒疗疮、清热利胆。治黄疸、瘰疬、蛇咬伤。

134 华夏慈姑

Sagittaria trifolia subsp. *leucopetala*

科属：泽泻科 Alismataceae
慈姑属 *Sagittaria*

别名：白茨姑、草慈姑、水慈、水芋

形态特征：植株高大、粗壮；叶片宽大、肥厚，顶裂片先端钝圆，卵形至宽卵形；匍匐茎末端膨大呈球茎，球茎卵圆形或球形，可达（5～8）厘米×（4～6）厘米；圆锥花序高大，长20～60厘米，有时可达80厘米以上，分枝（1～）2（～3），着生于下部，具1～2轮雌花，主轴雌花3～4轮，位于侧枝之上；雄花多轮，生于上部，组成大型圆锥花序，果期常斜卧水中；果期花托扁球形。种子褐色，具小凸起。

生境与分布：我国长江以南各省区广泛栽培。日本、朝鲜亦有栽培。

药用价值：可入药。

其他用途：球茎可作蔬菜食用等。

135 水烛 *Typha angustifolia*

科属：香蒲科 Typhaceae　　香蒲属 *Typha* L.

别名：蒲草、水蜡烛、狭叶香蒲

形态特征：多年生、水生或沼生草本。地上茎直立，粗壮，高 1.5～2.5（～3）米。叶片长 54～120 厘米，宽 0.4～0.9 厘米；叶鞘抱茎。雌雄花序相距 2.5～6.9 厘米；雄花序轴具褐色扁柔毛，单出，或分叉；雌花序长 15～30 厘米；雄花由 3 枚雄蕊合生，有时 2 枚或 4 枚组成；雌花具小苞片。小坚果长椭圆形，具褐色斑点。花果期 6～9 月。

生境与分布：生于湖泊、河流、池塘浅水处，水深达 1 米或更深，沼泽、沟渠亦常见。

药用价值：

【性味】甘辛，凉。

【归经】入肝经、心经。

【功能主治】凉血止血，活血消瘀。生用治经闭腹痛、产后瘀阻作痛、跌扑血闷、疮疖肿毒；炒黑止吐血、衄血、崩漏、泻血、尿血、血痢、带下；外治重舌、口疮、聤耳流脓、耳中出血、阴下湿痒。

136 水鳖 *Hydrocharis dubia*

科属：水鳖科Hydrocharitaceae　水鳖属*Hydrocharis*

别名：马尿花、白蘋、浮水莲、芣菜、水白

形态特征：浮水草本。匍匐茎发达，节间长3～15厘米。叶簇生，多漂浮；叶片心形或圆形。雄花序腋生；佛焰苞2枚，苞内雄花5～6朵；花瓣3，黄色；雄蕊12枚，成4轮排列，最内轮3枚退化。雌佛焰苞小，苞内雌花1朵；萼片3；花瓣3，白色；子房下位。果实浆果状，球形至倒卵形。花果期8～10月。

生境与分布：常生活在河溪、沟渠中。水鳖广泛分布全球。

药用价值：

【性味】味苦，性寒。

【功能主治】水鳖为中国传统中医药材，全草入药，有清热利湿的功效。主湿热带下。

137 苦草 *Vallisneria natans*

科属：水鳖科Hydrocharitaceae　苦草属*Vallisneria*

别名：鞭子草、韭菜草、面条草、扁草

形态特征：沉水草本。具匍匐茎。叶基生，线形或带形。花单性；雌雄异株；雄佛焰苞卵状圆锥形，每个佛焰苞内含雄花200余朵或更多，成熟的雄花浮在水面开放，萼片3，雄蕊1枚；雌花单生于佛焰苞内，萼片3，花瓣3，极小，白色；花柱3；子房下位，圆柱形；胚珠多数。果实圆柱形。

生境与分布：生于溪沟、河流、池塘、湖泊之中。产我国大部分地区。

药用价值：

【性味】苦，温，无毒。

【功能主治】清热解毒，止咳祛痰，养筋和血。用于急、慢性支气管炎，咽炎，扁桃体炎，关节疼痛；外治外伤出血。

138 稗 *Echinochloa crusgalli*

科属：禾本科 Poaceae　稗属 *Echinochloa* Beauv.

别名：稗子、稗草、扁扁草

形态特征：一年生。秆高50～150厘米，光滑无毛，基部倾斜或膝曲。叶鞘疏松裹秆；叶片扁平，线形。圆锥花序直立，近尖塔形，长6～20厘米；主轴具棱，粗糙或具疣基长刺毛；小穗卵形；第一小花通常中性，其外稃草质，脉上具疣基刺毛，顶端延伸成一粗壮的芒；第二外稃椭圆形，成熟后变硬，包着同质的内稃。花果期夏秋季。

生境与分布：多生于沼泽地、沟边及水稻田中。分布几遍全国，以及全世界温暖地区。

药用价值：

【性味】微苦，微温。根：苦、涩，凉；种子：甘、辛，平。

【功能主治】止血、生肌，用于金疮及损伤出血、麻疹。根、苗：调经止血。用于鼻衄、便血、月经过多、产后出血。种子：益气、健脾、透疹止咳、补中利水。用于麻疹、水痘、百日咳、脱肛、水肿。

139 看麦娘 *Alopecurus aequalis*

科属：禾本科 Poaceae　看麦娘属 *Alopecurus*

别名：棒棒草、道旁谷、草龙爪、三月黄草

形态特征：一年生。秆少数丛生，细瘦，光滑，节处常膝曲，高15～40厘米。叶鞘光滑，短于节间；叶舌膜质；叶片扁平，长3～10厘米，宽2～6毫米。圆锥花序圆柱状，灰绿色，长2～7厘米，宽3～6毫米；小穗椭圆形或卵状长圆形，长2～3毫米；颖膜质，基部互相联合，具3脉，脊上有细纤毛，侧脉下部有短毛；外稃膜质，先端钝，等大或稍长于颖，下部边缘互相联合，芒长1.5～3.5毫米，约于稃体下部1/4处伸出，隐藏或稍外露；花药橙黄色，长0.5～0.8毫米。颖果长约1毫米。花果期4～8月。

生境与分布：生于海拔较低之田边及潮湿之地。产我国大部分省区。在欧亚大陆的寒温和温暖地区与北美也有分布。

药用价值：

【性味】淡、凉。

【功能主治】利湿消肿、解毒。用于水肿、水痘；外用治小儿腹泻、消化不良。

140 薏苡 *Coix lacryma-jobi*

科属：禾本科 Poaceae　薏苡属 *Coix* Linn.

别名：药玉米、水玉米、念珠薏苡、草珠子、五谷子、米仁、六谷、草珠珠

形态特征：一年生粗壮草本。秆直立丛生，高1～2米。叶鞘短于其节间；叶舌干膜质；叶片扁平宽大。总状花序腋生成束，长4～10厘米，直立或下垂，具长梗。雌小穗位于花序之下部，外面包以骨质念珠状之总苞，总苞卵圆形，坚硬，有光泽；第一颖卵圆形；第二外稃短于颖；雄蕊常退化；雌蕊具细长之柱头，从总苞之顶端伸出；颖果小。雄小穗2～3对，着生于总状花序上部；第一及第二小花常具雄蕊3枚。花果期6～12月。

生境与分布：多生于湿润的屋旁、池塘、河沟、山谷、溪涧或易受涝的农田等地方，海拔200～2000米处常见，野生或栽培。产于我国大部分地区。

药用价值：

【功能主治】全草入药，主治久患风挛痹痛、补正气、利肠胃、消肿、除胸中邪气。

141 假稻 *Leersia japonica*

科属：禾本科Poaceae　假稻属*Leersia*

别名：水游草

形态特征：多年生草本，高达80厘米。秆下部伏卧而上部斜升直立。叶片长5～15厘米，宽4～8毫米，粗糙；叶鞘通常短于节间；叶舌顶端截平。圆锥花序长9～12厘米，分枝光滑，具角棱，直立或斜升，长达6厘米；小穗长4～6毫米，草绿色或紫色；外稃具5脉，脊具刺毛，内稃具3脉，中脉亦具刺毛；雄蕊6。花果期5～10月。

生境与分布：生于池塘、水田、溪沟湖旁水湿地。广布种。

药用价值：

【性味】辛、温。

【功能主治】除湿、利水。治风湿麻痹、下肢水肿。

142 千金子 *Leptochloa chinensis*

科属：禾本科Poaceae　千金子属*Leptochloa*

别名：畔茅、千两金、续随子、联步

形态特征：一年生。秆直立，基部膝曲或倾斜，高30～90厘米，平滑无毛。叶鞘无毛，大多短于节间；叶舌膜质；叶片扁平或多少卷折。圆锥花序长10～30厘米，分枝及主轴均微粗糙；小穗多带紫色，含3～7小花；第一颖较短而狭窄，第二颖长1.2～1.8毫米；外稃顶端钝，第一外稃长约1.5毫米。颖果长圆球形。花果期8～11月。

生境与分布：生于水田、低湿旱田及地边。广布种。

药用价值：

【性味】辛、温，有毒。

【归经】归肝经、肾经、大肠经。

【功能主治】全草有行水、破血、攻积聚的功效，用于症瘕、久热不退。

143 芦苇 *Phragmites australis*

科属：禾本科 Poaceae　芦苇属 *Phragmites*

别名：苇、芦、芦芽

形态特征：多年生。秆直立，高 1 ~ 3（~ 8）米，直径 1 ~ 4 厘米，具 20 多节，节下被蜡粉。叶鞘下部者短于上部者；叶片披针状线形。圆锥花序大型，长 20 ~ 40 厘米，宽约 10 厘米，分枝多数，长 5 ~ 20 厘米，着生稠密下垂的小穗；颖具 3 脉；第一不孕外稃雄性，第二外稃长 11 毫米，具 3 脉，两侧密生等长于外稃的丝状柔毛；雄蕊 3；颖果长约 1.5 毫米。花期 8 ~ 12 月。

生境与分布：生长在灌溉沟渠旁、河堤沼泽地等低湿地或浅水中。广布种。

药用价值：

【性味】性寒、味甘。

【功能主治】全草入药，具有清胃火、除肺热、健胃、镇呕、利尿之功效。

144 菰 *Zizania latifolia*

科属：禾本科 Poaceae　菰属 *Zizania*

别名：茭白、茭笋、菰实、菰米、茭白笋

形态特征：多年生，具匍匐根状茎。须根粗壮。秆高大直立，高 1 ～ 2 米，径约 1 厘米，具多数节。叶鞘长于其节间，肥厚；叶舌膜质；叶片扁平宽大。圆锥花序长 30 ～ 50 厘米，分枝多数簇生；雄小穗长 10 ～ 15 毫米，雄蕊 6 枚；雌小穗圆筒形。颖果圆柱形。

生境与分布：水生或沼生，常见栽培。广布种。

药用价值：

【性味】茭白：甘、凉。菰根、菰实：甘，寒。

【功能主治】全株可入药。茭白：清热除烦，止渴，通乳，利大小便。能治热病烦渴、酒精中毒、二便不利、乳汁不通。菰根：清热解毒。用于消渴、烫伤。菰实：清热除烦，生津止渴。用于心烦、口渴、大便不通、小便不利。

145 扁穗莎草 *Cyperus compressus*

科属：莎草科Cyperaceae　莎草属 *Cyperus*

别名：硅子叶莎草、沙田草、水虱草

形态特征：丛生草本；根为须根。秆稍纤细，高5～25厘米，锐三棱形，基部具较多叶。叶短于秆，或与秆几等长；叶鞘紫褐色。苞片3～5枚，叶状，长于花序；穗状花序近于头状；花序轴很短，具3～10个小穗；雄蕊3；柱头3。小坚果倒卵形、三棱形，侧面凹陷。花果期7～12月。

生境与分布：多生长于空旷的田野里。广布种。

药用价值：

【功能主治】全草入药，养心，调经行气。外用于跌打损伤。

146 砖子苗 *Cyperus cyperoides*

科属：莎草科Cyperaceae　莎草属 *Cyperus*

别名：滇西莎草

形态特征：多年生草本。秆疏丛生，高20～60厘米，锐三棱形，基部膨大。叶短于秆，线状披针形，叶鞘褐色或红棕色。花序下具叶状苞片5～8片；长侧枝聚伞花序简单；穗状花序圆筒形或长圆形，具多数密生的小穗，多数集于小伞梗顶而成一放射状的圆头花序。坚果狭长圆形或三棱形。

生境与分布：生长于海拔200～3200米的山坡阳处、路旁草地、溪边及松林下。产我国大部分地区。

药用价值：

【性味】性平、味苦辛。

【功能主治】止咳化痰、宣肺解表。治风寒感冒、咳嗽痰多。

147 异型莎草 *Cyperus difformis*

科属：莎草科Cyperaceae　莎草属 *Cyperus*

别名：球穗碱草、咸草、王母钗

形态特征：一年生草本。秆丛生，高2～65厘米，扁三棱形。叶线形，短于秆；叶鞘褐色；苞片2～3，叶状，长于花序。长侧枝聚伞花序简单，少数复出；辐射枝3～9；头状花序球形，具极多数小穗；小穗披针形或线形，具花2～28朵；雄蕊2，有时1；花柱极短，柱头3。小坚果倒卵状椭圆形、三棱形。花果期7～10月。

生境与分布：常生长于稻田中或水边潮湿处。在我国广为分布。

药用价值：

【性味】味咸微苦、性凉、无毒。

【归经】入心经、肝经、肺经、膀胱经。

【功能主治】全草入药，行气、活血、通淋、利小便。用于热淋、小便不利、跌打损伤、吐血。

148 风车草 *Cyperus involucratus*

科属：莎草科Cyperaceae　莎草属 *Cyperus*

别名：伞草、水竹、旱伞草、台湾竹

形态特征：根状茎短，粗大。秆稍粗壮，高60～150厘米，近圆柱状，直立无分枝；叶顶生为伞状；聚伞花序，有多数辐射枝，小穗多数，密生于辐射分枝的顶端，花两性，雄蕊3，花药线形，顶端具刚毛状附属物；花柱短，柱头3。小坚果椭圆形，近于三棱形。花果期8～11月。

生境与分布：原产于非洲，广泛分布于森林、草原地区的大湖、河流边缘的沼泽中。我国南北各省均见栽培，作为观赏植物。

药用价值：

【性味】茎叶：酸、甘、微苦，凉。

【功能主治】行气活血，退黄解毒。用于瘀血作痛、蛇虫咬伤。

149 碎米莎草 *Cyperus iria*

科属：莎草科Cyperaceae　莎草属 *Cyperus*

别称：三方草

形态特征：一年生草本。秆丛生，细弱或稍粗壮，高8～85厘米，扁三棱形，叶短于秆，叶鞘红棕色或棕紫色。叶状苞片3～5枚；长侧枝聚伞花序复出，很少为简单的，具4～9个辐射枝，每个辐射枝具5～10个穗状花序，或有时更多些；穗状花序卵形或长圆状卵形，具5～22个小穗；雄蕊3；花柱短，柱头3。小坚果倒卵形或椭圆形、三棱形，与鳞片等长，褐色，具密的微突起细点。花果期6～10月。

生境与分布：分布极广，为一种常见的杂草，生长于田间、山坡、路旁阴湿处。

药用价值：

【性味】全草（野席草）：辛、平。

【功能主治】祛风除湿、调经利尿。用于风湿筋骨痛、跌打损伤、瘫痪、月经不调、痛经、经闭、砂淋。

150 香附子 *Cyperus rotundus*

科属：莎草科Cyperaceae　莎草属 *Cyperus*

别名：香头草、雀头香、香附米

形态特征：匍匐根状茎。秆高15～95厘米，锐三棱形；叶状苞片2～3（～5）枚，常长于花序，或有时短于花序；穗状花序轮廓为陀螺形，具3～10个小穗；小穗具8～28朵花；花柱长，柱头3；小坚果。花果期5～11月。

生境与分布：生长于山坡荒地草丛中或水边潮湿处。广布于全世界。

药用价值：

【性味】辛、微苦、微甘，平。

【归经】归肝经、脾经。

【功能主治】块茎入药，称"香附子"，理气解郁、调经止痛。治胃痛、消化不良、月经不调等妇科各症。

151 荸荠 *Eleocharis dulcis*

科属：莎草科Cyperaceae　荸荠属*Heleocharis*

别名：马蹄、地栗、地梨、芘荠、马蹄儿、荸地

形态特征：匍匐根状茎的顶端生块茎，俗称荸荠。秆多数，丛生，直立，圆柱状，高15～60厘米，有多数横隔膜。叶缺如；鞘近膜质。小穗顶生，圆柱状，有多数花。小坚果宽倒卵形，双凸状，成熟时棕色。花果期5～10月。

生境与分布：原产印度，在中国主要分布于广西、江苏、安徽、浙江、广东、湖南、湖北、江西、贵州等低洼地区。

药用价值：

【性味】球茎：味甘，性平。地上全草：味苦，性平。

【归经】归肺经、胃经。

【功能主治】球茎：用于热病伤津烦渴、咽喉肿痛、口腔炎、湿热黄疸、高血压病、小便不利、麻疹、肺热咳嗽、硅沉着病（旧称硅肺、矽肺）、痔疮出血。地上全草：用于呃逆、小便不利。

152 牛毛毡 *Eleocharis yokoscensis*

科属：莎草科 Cyperaceae　荸荠属 *Heleocharis*

别名：牛毛草、绒毛头、地毛

形态特征：秆多数，细如毫发，密丛生如牛毛毡，因而有此俗名，高2～12厘米。叶鳞片状，具鞘。小穗卵形，只有几朵花，所有鳞片全有花；鳞片膜质；下位刚毛1～4条，长为小坚果两倍，有倒刺；柱头3。小坚果狭长圆形。花果期4～11月。

生境与分布：多半生长在水田中、池塘边或湿黏土中，海拔0～3000米。几乎遍布于全国。

药用价值：

【性味】辛、温，无毒。

【归经】归肺经。

【功能主治】发表散寒、祛痰平喘。用于感冒咳嗽、痰多气喘、咳嗽失音。

153 水蜈蚣 *Kyllinga polyphylla*

科属：莎草科Cyperaceae　水蜈蚣属*Kyllinga*

别名：三须蜈蚣、三荚草、三角草

形态特征：多年生草本，丛生。形似蜈蚣，节多数，每节上有一小苗。秆成列散生，高7～20厘米，扁三棱形。叶窄线形，基部鞘状抱茎，最下2个叶鞘呈干膜质。夏季从秆顶生一球形、黄绿色的头状花序，具极多数密生小穗，下面有向下反折的叶状苞片3枚，所以又有"三荚草"之称。雄蕊1～3个；花柱细长，柱头2；坚果卵形，极小。花果期5～9月。

生境与分布：生长于水边、水田及旷野湿地。全国大部分地区有分布。

药用价值：

【性味】性温、味辛。

【功能主治】有疏风解表、清热利湿、止咳化痰、祛瘀消肿的功用，治感冒风寒、寒热头痛、筋骨疼痛、咳嗽、疟疾、黄疸、痢疾、疮疡肿毒、跌打刀伤。

154 百球藨草 *Scirpus rosthornii*

科属：莎草科 Cyperaceae　藨草属 *Scirpus*

别名：白球藨草、百球荆三棱、百球鹿草

形态特征：秆粗壮，高 70～100 厘米，坚硬，三棱形、有节，节间长，具秆生叶。叶较坚挺，秆上部的叶高出花序；叶鞘长 3～12 厘米。叶状苞片 3～5 枚；多次复出长侧枝聚伞花序大，顶生，具 6～7 个第一次辐射枝；下位刚毛 2～3 条；柱头 2。小坚果椭圆形或近于圆形，双凸状，长 0.6～0.7 毫米，黄色。花果期 5～9 月。

生境与分布：生长于海拔 600～2400 米林中、林缘、山坡、山脚、路旁、湿地、溪边及沼泽地。产于浙江、湖北、福建、广东、四川及云南。

药用价值：

【功能主治】全草入药，清热解毒、凉血利水。

155 萤蔺 *Scirpus juncoides*

科属：莎草科Cyperaceae　蔍草属*Scirpus*

别名：野马蹄草、大井氏水莞、直立蔍草

形态特征：丛生。秆稍坚挺，圆柱状，少数近于有棱角，平滑，基部具2～3个鞘。苞片1枚；小穗（2～）3～5（～7）个聚成头状，假侧生，具多数花；鳞片宽卵形或卵形；下位刚毛5～6条，长等于或短于小坚果，有倒刺；雄蕊3；柱头2，极少3个。小坚果宽倒卵形，或倒卵形，平凸状，成熟时黑褐色。花果期8～11月。

生境与分布：生长在路旁、荒地潮湿处，或水田边、池塘边、溪旁、沼泽中，海拔为300～2000米。除内蒙古、甘肃、西藏尚未见到外，全国各地均有分布。

药用价值：

【功能主治】全草治肺结核咯血、麻疹热毒、急性结膜炎、尿路感染。

【民族用药】

[苗药] 水茨菇，黑石姑侧：全草治肺结核咯血、麻疹热毒、急性结膜炎、尿路感染《湘蓝考》。

156 三棱水葱 *Schoenoplectus triqueter*

科属：莎草科Cyperaceae　水葱属*Schoenoplectus*

别名：蔗草、蔗莞、蓆草、三棱萤蔺

形态特征：多年生草本。根状茎匍匐状，细。秆单生，粗壮，高20～90厘米，三棱柱形；叶鞘膜质；叶片条形；苞片1，三棱形；长侧枝聚伞花序有1～8个三棱形辐射枝；小穗簇生，卵形或矩圆形，膜质，黄棕色；雄蕊3；柱头2；小坚果倒卵形，成熟时褐色。

生境与分布：喜生于潮湿多水之地，常于沟边塘边、山谷溪畔或沼泽地。除广东未见到外，各省区均有分布。

药用价值：

【功能主治】开胃消食、清热利湿。主治饮食积滞、胃纳不佳、呃逆饱胀、热淋、小便不利。

157 菖蒲 *Acorus calamus*

科属：天南星科 Araceae　天南星属 *Arisaema*

别名：水菖蒲、泥昌、水昌、大叶菖蒲、土菖蒲

形态特征：多年生草本。根茎横走，芳香，肉质根多数，长5～6厘米。叶基生。叶片剑状线形，长90～150厘米，中部宽1～3厘米；中肋在两面均明显隆起。花序柄三棱形，长15～50厘米；叶状佛焰苞剑状线形，长30～40厘米；肉穗花序斜向上或近直立，狭锥状圆柱形，长4.5～8厘米。花黄绿色；子房长圆柱形。浆果长圆形，红色。花期2～9月。

生境与分布：生于海拔2600米以下的水边、沼泽湿地或湖泊浮岛上，也常有栽培。全国各省区均产。

药用价值：

【性味】味辛、苦，性温。

【功能主治】水菖蒲，中药名，为天南星科植物菖蒲的根茎。具有化痰开窍、除湿健胃、杀虫止痒之功效。常用于痰厥昏迷、中风、癫痫、惊悸健忘、耳鸣耳聋、食积腹痛、痢疾泄泻、风湿疼痛、湿疹、疥疮。

158 一把伞南星 *Arisaema erubescens*

科属：天南星科 Araceae　天南星属 *Arisaema*

别名：虎掌南星、法夏、一把伞、山包谷、蛇芋头

形态特征：块茎扁球形。叶1，极稀2，叶柄长40～80厘米，中部以下具鞘；叶片放射状分裂，裂片无定数；花序柄比叶柄短。佛焰苞绿色。肉穗花序单性，雄花序长2～2.5厘米；雌花序长约2厘米；雄花序的附属器下部光滑或有少数中性花；雌花序上具多数中性花。雄花：具短柄，雄蕊2～4。雌花：子房卵圆形。浆果红色。花期5～7月，果9月成熟。

生境与分布：除内蒙古、黑龙江、吉林、辽宁、山东、江苏、新疆外，我国各省区都有分布。海拔3200米以下的林下、灌丛、草坡、荒地均有生长。

药用价值：

【性味】块茎：苦、辛，温。有毒。

【功能主治】燥湿化痰、祛风止痉、散结消肿。用于顽痰咳嗽、风疾眩晕、中风痰壅、口眼歪斜、半身不遂、癫痫、惊风、破伤风；外用于痈肿、蛇虫咬伤。

【民族用药】

[佤药] 天南星，蛇芋，麻蛇板：块茎治疗疮痈肿、疮疡肿毒、毒蛇咬伤、神经性皮炎、慢性面神经麻痹《中佤药》。戈否：果实治胃酸过多、疼痛《滇药录》。

[纳西药] 史哈：功用同白族《大理资志》。

[水药] 独非打，蛇包谷：块茎治咳嗽、痈疽《水医药》。

[畲药] 块茎用于面神经麻痹、半身不遂、小儿惊风、破伤风、癫痫、疔疮肿毒、毒蛇咬伤《畲医药》。

[德昂药] 目菠热：治面神经麻痹、半身不遂、小儿惊风、癫痫《德宏药录》。

[阿昌药] 毛儿羊点：功用同德昂族《德宏药录》。

159 紫芋 *Colocasia esculenta*

科属：天南星 Araceae　科芋属 *Colocasia*

别名：芋头花、广菜、槟榔芋、毛芋

形态特征：块茎粗厚，可食；侧生小球茎若干枚，亦可食。叶 1～5，由块茎顶部抽出，高 1～1.2 米；叶柄圆柱形，紫褐色；叶片盾状。花序柄单 1。佛焰苞管部长 4.5～7.5 厘米，粗 2～2.7 厘米。肉穗花序两性：基部雌花序长 3～4.5 厘米，粗 1.2 厘米；雄花序长 3.5～5.7 厘米，雄花黄色。花期 7～9 月。

药用价值：

【性味】味辛、性寒。

【功能主治】散结消肿、祛风解毒。主治乳痈、无名肿毒、荨麻疹、疔疮、口疮、烧烫伤。块茎：清热解毒。外用于各种疮毒。

160 野芋 *Colocasia esculentum var. antiquorum*

科属：天南星 Araceae　科芋属 *Colocasia*

别名：红芋荷、野芋头、野芋芳、红广菜

形态特征：多年生草本。根茎球状，上生褐色的纤毛。叶基生，有肉质长柄；叶片大而厚，呈卵状广椭圆形，先端较尖，基部耳形，全缘，带波状。花单性，黄白色，成肉穗花序，雌花生于下部，外有佛焰苞。浆果橙红色，内有坚硬的种子2颗。

生境与分布：生于林阴、溪边等处。

药用价值：

【性味】辛，冷，有大毒。

【功能主治】治乳痈、肿毒、麻风、疥癣、跌打损伤、蜂螫伤。

161 浮萍 *Lemna minor*

科属：浮萍科Lemnaceae　浮萍属*Lemna*

别名：青萍、田萍、浮萍草、水浮萍、水萍草

形态特征：漂浮植物。叶状体对称，表面绿色，背面浅黄色或绿白色或常为紫色，近圆形、倒卵形或倒卵状椭圆形，全缘，背面垂生丝状根1条，根白色，长3～4厘米。叶状体背面一侧具囊，新叶状体于囊内形成浮出，以极短的细柄与母体相连，随后脱落。雌花具弯生胚珠1枚，果实无翅，近陀螺状。一般不常开花，以芽进行繁殖。

生境与分布：生于水田、池沼或其他静水水域，常与紫萍混生，形成密布水面的漂浮群落。由于本种繁殖快，有如李时珍所云："一叶经宿即生数叶"，通常在群落中占绝对优势。分布于中国南北各地。

药用价值：

【性味】辛、寒。

【归经】入肺经。

【功能主治】以带根全草入药，有发汗解表、透疹止痒、利尿消肿的功效。主治风热感冒、麻疹不透、风疹瘙痒、水肿、癃闭、疮癣、丹毒、烫伤、经闭。

162 紫萍 *Spirodela polyrhiza*

科属：浮萍科 Lemnaceae　紫萍属 *Spirodela*

别名：紫背浮萍、紫萍、水萍、浮飘草、萍

形态特征：叶状体扁平，阔倒卵形，表面绿色，背面紫色，具掌状脉5～11条，背面中央生5～11条根；根基附近的一侧囊内形成圆形新芽，萌发后，幼小叶状体渐从囊内浮出，由一细弱的柄与母体相连。花未见，据记载，肉穗花序有2个雄花和1个雌花。

生境与分布：生于水田、水塘、湖湾、水沟，常与浮萍形成覆盖水面的漂浮植物群落。产南北各地，全球各温带及热带地区广布。

药用价值：

【性味】辛、寒。

【功能主治】全草入药，发汗、利尿。治感冒发热无汗、麻疹不透、水肿、小便不利、皮肤湿热。

【民族用药】

［彝药］全草治疹发不透、风疹瘙痒、水肿癃闭、水火烫伤、疥癣疮毒、子宫脱垂。

［侗药］全草主治登华（麻疹）、耿来（腰痛水肿）《侗医学》。

［蒙药］主治风热感冒、麻疹不透、风疹瘙痒、肾炎水肿、少尿、疮癣、丹毒、烫火伤《蒙植药志》。

［苗药］全草治风湿脚气、风疹热毒、衄血、水肿、小便不利、斑疹不透、感冒发热无汗《湘蓝考》。

163 鸭跖草 *Commelina communis*

科属：鸭跖草科Commelinaceae　鸭跖草属*Commelina*

别名：水竹叶草、竹叶青菜、鸭仔草

形态特征：一年生披散草本。茎匍匐生根，多分枝，长可达1米。叶披针形至卵状披针形。总苞片佛焰苞状，有1.5～4厘米的柄，与叶对生，折叠状；聚伞花序，下面一枝仅有花1朵，上面一枝具花3～4朵；花瓣深蓝色。蒴果椭圆形。

生境与分布：常生于湿地。产云南、四川、甘肃以东的南北各省区。

药用价值：

【性味】味甘、微苦，性寒。

【功能主治】行水、清热、凉血、解毒。治水肿、脚气、小便不利、感冒、丹毒、腮腺炎、黄疸肝炎、热痢、疟疾、鼻衄、尿血、血崩、白带、咽喉肿痛、痈疽疔疮、毒蛇咬伤等。此外对麦粒肿、咽炎、扁桃腺炎、宫颈糜烂、腹蛇咬伤有良好疗效。

【民族用药】

[傈僳药] 莫那我：全草用于感冒、水肿、泌尿系感染、咽炎、急性扁桃体炎、急性肠炎、痢疾、疮疖肿毒《怒江药》。

[傣药] 帕哈难：行水、凉血解毒《傣医药》。

[苗药] 带花茎的头状花序用于风热目赤、结膜炎、角膜云翳、眼干燥症、夜盲症《湘蓝考》。

[侗药] 全草主治耿来布冷（腰痛水肿）《侗医学》。

164 水竹叶 *Murdannia triquetra*

科属：鸭跖草科Commelinaceae　水竹叶属*Murdannia*

别名：细竹叶、高草鸡舌草、鸡舌癀

形态特征：多年生草本。茎肉质，通常多分枝，长达40厘米，节间长8厘米，密生一列白硬毛。叶片竹叶形。花序通常仅有单朵花，顶生并兼腋生。花瓣粉红色、紫红色或蓝紫色，蒴果卵圆形状三棱形。花期9～10月，果期10～11月。

生境与分布：生于海拔1600米以下的水稻田边或湿地上。广布种。

药用价值：

【性味】全草（水竹叶）：甘、平。

【归经】入肝经、脾经。

【功能主治】有清热、利尿、消肿、解毒之功效，主治肺热喘咳、赤白下痢、小便不利、咽喉肿痛、痈疖疔肿；外用于关节肿痛、蛇蝎虫伤。

165 阔叶山麦冬 *Liriope muscari*

科属：百合科 Liliaceace　山麦冬属 *Liriope*

别名：阔叶麦冬

形态特征：根状茎短，木质。叶密集成丛，革质，长 25 ～ 65 厘米，宽 1 ～ 3.5 厘米。花葶通常长于叶，长 45 ～ 100 厘米；总状花序长（12 ～）25 ～ 40 厘米，具许多花；花（3 ～）4 ～ 8 朵 簇生于苞片腋内；花被紫色或红紫色；子房近球形。花期 7 ～ 8 月，果期 9 ～ 11 月。

生境与分布：生于海拔 100 ～ 1400 米的山地、山谷的疏、密林下或潮湿处。中国大部分地区有分布。

药用价值：

【性味】甘，平、寒。

【归经】入肺经、心经、胃经。

【功能主治】治肺阴虚、胃阴虚证。养阴润肺、清心除烦、益胃生津。用于肺燥干咳、吐血、咯血、肺痿、肺痈、虚劳烦热、消渴、热病津伤、咽干口燥、便秘。

【民族用药】

[侗药] 高勒（三江），桑租（融水）：块根治咳嗽、气管炎、肺结核《桂药编》。

[苗药] 乌仰够（融水），小美当初（资源）：块根治咳嗽、白喉、咽喉痛《桂药编》。

[瑶药] 丘菜美（金秀）：块根治疗小便不通《桂药编》。

[傣药] 小麦冬（德傣）：根配伍治小便不利《德傣药》。

166 凤眼莲 *Eichhornia crassipes*

科属：雨久花科Pontederiaceae　凤眼莲属*Eichhornia*

别名：水葫芦、水浮莲、凤眼莲、浮水莲花

形态特征：多年生宿根浮水草本植物。因它浮于水面生长，又叫水浮莲。又因其在根与叶之间有一像葫芦状的大气泡而称水葫芦。花为多棱喇叭状，花色艳丽美观；穗状花序，花紫蓝色；雄蕊6枚；蒴果。花期7～10月，果期8～11月。开花后，花茎弯入水中生长，子房在水中发育膨大。

生境与分布：原产巴西。现广布于我国长江、黄河流域及华南各省。

药用价值：

【性味】淡，凉。

【功能主治】具有清热解毒、除湿、祛风热的功效，用于中暑烦渴、水肿、小便不利；外敷热疮。

【民族用药】

［傣药］啪哺舵（西傣）：全株治疗中暑烦渴、肾炎水肿、小便不利、疮疖《滇省志》。

［哈尼药］捞妞窠妞：功用同傣族《滇省志》。

［苗药］浮萍，黑浮莲：全草治感冒发热、小便赤痛、风疹、疮疖红肿《湘蓝考》。

167 鸭舌草 *Monochoria vaginalis*

科属：雨久花科Pontederiaceae　雨久花属*Monochoria*

别名：鸭儿嘴、水玉簪、肥菜

形态特征：水生草本。茎直立或斜上，高12～35厘米。叶基生或茎生。叶柄长10～20厘米。总状花序从叶柄中部抽出。花序在花期直立，果期下弯，花通常3～5朵（稀有10余朵），或有1～3朵，蓝色。雄蕊6枚；花丝丝状。蒴果。花期8～9月，果期9～10月。

生境与分布：生于平原至海拔1500米的稻田、沟旁、浅水池塘等水湿处。全国的水稻种植区，以及长江流域及以南地区均有分布。

药用价值：

【性味】甘，凉。

【功能主治】清热解毒。用于肠炎、痢疾、咽喉肿痛、牙龈脓肿；外用治虫蛇咬伤、疮疖。

168 翅茎灯心草 *Juncus alatus*

科属：灯心草科 Juncaceae　灯心草属 *Juncus*

别名：翅灯心草、翅茎笄石菖

形态特征：多年生草本，高11～48厘米。茎丛生，直立，扁平，两侧有狭翅；叶基生或茎生；叶片扁平，线形；叶耳小。花序由头状花序排列成聚伞状，花序分枝常3个；叶状总苞片长2～9厘米；头状花序扁平；花淡绿或黄褐色；雄蕊6枚；子房椭圆形，柱头3分叉。花期4～7月，果期5～10月。

生境与分布：常生于浅水、沟边及潮湿地。产我国大部分地区。

药用价值：

【功能主治】全草：清热、通淋、止血。用于心烦口渴、口舌生疮、淋证、小便涩痛、带下病。

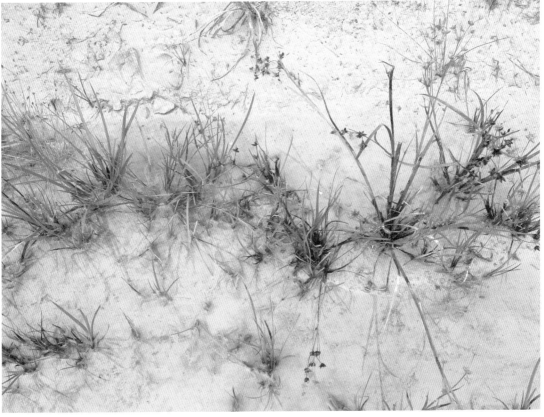

169 灯心草 *Juncus effusus*

科属：灯心草科 Juncaceae　灯心草属 *Juncus*

别名：灯芯草、龙须草、秧草

形态特征：多年生草本，高27～91厘米。茎丛生，直立，圆柱形，茎内充满白色的髓心；叶全部为低出叶，呈鞘状或鳞片状，包围在茎的基部；叶片退化为刺芒状；聚伞花序假侧生，含多花；花淡绿色；雄蕊3枚；柱头3分叉；蒴果。花期4～7月，果期6～9月。

生境与分布：生于河边、池旁、水沟、稻田旁、草地及沼泽湿处。产我国大部分地区。

药用价值：

【性味】味甘、淡，性微寒。

【归经】归心经、肺经、小肠经。

【功能主治】用于心烦少眠、口舌生疮、淋证、小便淋痛不利。

170 野灯心草 *Juncus setchuensis*

科属：灯心草科 Juncaceae　灯心草属 *Juncus*

别名：灯草、灯心草、龙须草

形态特征：多年生草本，高25～65厘米。茎丛生。聚伞花序假侧生；花多朵排列紧密或疏散；总苞片生于顶端；雄蕊3枚，比花被片稍短；子房1室（三隔膜发育不完全），侧膜胎座呈半月形；花柱极短；柱头3分叉；蒴果通常卵形。花期5～7月，果期6～9月。

生境与分布：生于海拔800～1700米的山沟、林下阴湿地、溪旁、道旁的浅水处。产我国大部分地区。

药用价值：

【功能主治】茎髓：利尿通淋、泄热安神。用于小便不利、热淋、水肿、小便涩痛、心烦失眠、鼻衄、目赤、齿痛、血崩。

【民族用药】

[苗药] 回当初（资源语），凶蒙（融水语）：全草治咽喉痛、肺热咳嗽《桂药编》。

[佤药] 西裹：鲜根治小便赤热淋漓、肾炎水肿、胃热齿痛、寒热不解《滇药录》。

[纳西药] 基百：根治小便赤热淋漓、肾炎水肿、胃热齿痛、寒热不解《大理资志》。

171 细灯心草 *Juncus gracillimus*

科属：灯心草科Juncaceae　灯心草属*Juncus*

形态特征：多年生常绿草本，簇生。茎高25～75厘米，圆柱形或压扁，具纵沟棱，中空，有基生叶和茎生叶，叶线形，有叶耳；复聚伞花序或由数朵至多朵小花集成头状花序；头状花序单生茎顶或由多个小头状花序组成聚伞、圆锥状等复花序；花被片6枚，2轮；雄蕊6枚；蒴果卵状球形。种子近椭圆形，黑褐色。

生境与分布：通常生长在草甸、沼泽、水边及阴湿的环境中。广泛分布于世界各地。

药用价值：

【功能主治】有清心降火、利尿通淋的功效。治淋病、水肿、小便不利、湿热黄疸、心烦不寐、小儿夜啼、喉痹、创伤。

172 鸢尾 *Iris tectorum*

科属：鸢尾科 Iridaceae　鸢尾属 *Iris*

别名：蓝蝴蝶、紫蝴蝶、蝴蝶花

形态特征：叶基生，宽剑形，长15～50厘米，宽1.5～3.5厘米。花茎光滑，高20～40厘米；苞片2～3枚。花蓝紫色，直径约10厘米；雄蕊长约2.5厘米；花柱分枝扁平，淡蓝色，子房纺锤状圆柱形。蒴果长椭圆形或倒卵形。花期4～5月，果期6～8月。

生境与分布：生于海拔800～1800米的灌木林缘、阳坡地、水边湿地。

药用价值：

【性味】性寒，味辛、苦。

【功能主治】活血祛瘀、祛风利湿、解毒、消积。用于跌打损伤、风湿疼痛、咽喉肿痛、食积腹胀、疟疾；外用治痈疖肿毒、外伤出血。

【民族用药】

[布依药] 戈双嘎：根茎主治食积饱胀《民族药志二》。

[壮药] 汪巴八，钱尾辣，拉底斑，泡鱼底拉丹：根茎主治风寒、腹内冷积、小肠疝气、眩晕、痈肿疮疖《民族药志二》。

[毛南药] 莴涩妹（环江语）：根茎磨水服治哮喘、心气痛、胃酸过多《桂药编》。

[傣药] 曼西喃，蹒偕榄（德傣）：根治跌打风湿《滇药录》。

[土家药] 蛤蟆七：根茎治食积、跌打损伤《土家药》。

173 蝴蝶花 *Iris japonica*

科属：鸢尾科 Iridaceae　鸢尾属 *Iris*

别名：扁竹、日本鸢尾、兰花草

形态特征：多年生草本植物。叶基生。花茎直立，高于叶片，顶生稀疏总状聚伞花序，分枝5～12个；苞片叶状，3～5枚，其中包含有2～4朵花，花淡蓝色或蓝紫色，直径4.5～5厘米；雄蕊长0.8～1.2厘米；子房纺锤形。蒴果椭圆状柱形；种子黑褐色。花期3～4月，果期5～6月。

生境与分布：生于山坡较荫蔽而湿润的草地、疏林下或林缘草地。

药用价值：

【性味】根状茎及全草：苦，寒。有小毒。

【功能主治】全草：清热解毒、消肿止痛。为民间草药，用于清热解毒、消瘀逐水，治疗小儿发烧、肺病咯血、喉痛、外伤瘀血等。根状茎：泻下通便。用于肝炎、肝大、肝区痛、胃痛、食积胀满、咽喉肿痛、跌打损伤。种子（白蝴蝶花子）：用于小便淋痛不利。

【民族用药】

［彝药］火赫：治腹中包块、咽喉肿痛、蛇咬伤、伤食《彝植药》。

［土家药］下山虎：根或全草治郁气病、肝脾肿大、食不消化《土家药》。

174 黄花鸢尾 *Iris wilsonii*

科属：鸢尾科Iridaceae　鸢尾属*Iris*

形态特征：多年生草本，植株基部有老叶残留的纤维。根状茎粗壮，斜伸；须根黄白色，少分枝，有皱缩的横纹。叶基生，灰绿色，宽条形，有3～5条不明显的纵脉。花茎中空，高50～60厘米，有1～2枚茎生叶；苞片3枚，草质，绿色，披针形，内包含有2朵花；花黄色，直径6～7厘米；外花被裂片倒卵形，具紫褐色的条纹及斑点，爪部狭楔形，内花被裂片倒披针形，花盛开时向外倾斜。蒴果椭圆状柱形，6条肋明显，顶端无喙；种子棕褐色，扁平，半圆形。

生境与分布：生于山坡草丛、林缘草地及河旁沟边的湿地。产中国湖北、陕西、甘肃、四川、云南。

药用价值：

【功能主治】根状茎：用于咽喉肿痛。

175 无柱兰 *Amitostigma gracile*

科属：兰科 Orchidaceae 无柱兰属 *Amitostigma*

别名：细葶无柱兰、小雏兰、合欢山兰

形态特征：植株高 7 ～ 30 厘米。茎纤细，直立或近直立。叶片狭长圆形、长圆形、椭圆状长圆形或卵状披针形。总状花序具 5 至 20 余朵花；花小，粉红色或紫红色；唇瓣较萼片和花瓣大，具距，中部之上 3 裂；蕊柱极短，直立；花粉团卵球形，具花粉团柄和粘盘；蕊喙小，直立，三角形；柱头 2 个，隆起，近棒状；退化雄蕊 2 个。

生境与分布：生于海拔 180 ～ 3000 米的山坡沟谷边或林下阴湿处覆有土的岩石上或山坡灌丛下。产于湖北、湖南、广西（东北部）、四川、贵州（东南部）等地。

药用价值：

【功能主治】块茎、全草入药，解毒、消肿、止血。用于跌打损伤、吐血、毒蛇咬伤、无名肿毒。

176 绥草 *Spiranthes sinensis*

科属：兰科Orchidaceae　绥草属*Spiranthes*

别名：盘龙参、龙抱柱、红龙盘柱、盘龙箭

形态特征：植株高13～30厘米。叶片宽线形或宽线状披针形，极罕为狭长圆形。花茎直立，长10～25厘米；总状花序具多数密生的花，长4～10厘米，呈螺旋状扭转；子房纺锤形；花小，紫红色、粉红色或白色，在花序轴上呈螺旋状排生；唇瓣宽长圆形，凹陷，唇瓣基部凹陷呈浅囊状，囊内具2枚胼胝体。花期7～8月。

生境与分布：生于海拔200～3400米的山坡林下、灌丛下、草地或河滩沼泽草甸中。

药用价值：

【性味】根、全草（盘龙参）：甘、淡，平。

【功能主治】滋阴益气、凉血解毒、涩精。用于病后气血两虚、少气无力、气虚白带、遗精、失眠、燥咳、咽喉肿痛、缠腰火丹、肾虚、肺痨咯血、消渴、小儿暑热症；外用于毒蛇咬伤、疮肿。

【民族用药】

［藏药］西介拉巴：块茎治阳痿《中国藏药》。

［苗药］盘龙参：全草治虚热、口渴，补虚益气《湘蓝考》。

［畲药］盘龙参，龙缠柱，鲤鱼草，盘龙草：全草治淋浊、肾炎、肺结核咯血、指头疔、毒蛇咬伤《畲医药》。

［侗药］高宁岑，奴九龙品栋：根主治宾蛾谬（头皮湿疹）、宾奇卯（瘰病）《侗医学》。

第二部分
水生植物食用篇

水生植物和药用植物学概念

水生植物是指那些能够长期在水中正常生活的植物。根据水生植物的生活方式，一般将其分为以下几大类：沉水植物、漂浮植物、浮叶植物、挺水植物、沼生（湿生）植物。

药用植物是指某些全部、部分或其分泌物可以入药的植物。药用植物种类繁多，其药用部分各不相同，全部入药的，如益母草、夏枯草等；部分入药的，如人参、曼陀罗、射干、桔梗、满山红等；需提炼后入药的，如金鸡纳霜等。

药用植物学是一门研究具有医疗保健作用的植物形态、组织、生理功能、分类鉴定、细胞组织培养、资源开发和合理利用的一门科学。狭义上是指研究人类传统的或民间的有关利用植物防病治病等方面知识的一门学科。广义还涉及植物药的种类鉴定、传统分类、编目，以及活性成分的提取、药理学研究等。药用植物学的任务主要是系统地学习植物学知识，用来研究药用植物的分类鉴定、调查药用植物资源、整理中草药的种类、保证用药准确有效。

水蕨 *Ceratopteris thalictroides*

　　水蕨可作药用，用全草进行煎服，具有明目、清凉、活血解毒的功效，可治痢疾、胎毒和跌打损伤等病症，也被视为一种产后的良药。水蕨的嫩叶翠绿色，可作菜肴，常称水蕨菜，又称为龙头菜，其中可供食用的部分为叶芽生长出来未开展的羽状叶和幼嫩叶柄。无论炒食、凉拌、做汤，均不变色，味道独特鲜美，清爽可口。由于水蕨是国家二级重点保护野生植物（国务院1999年8月4日批准），建议除食用人工培养的外，野生的水蕨不要食用。

家常菜谱：

一、清炒水蕨菜

　　1. 主料：鲜水蕨菜。

　　2. 调料：精盐、味精、葱、猪油。

　　3. 主要步骤：

　　鲜水蕨菜嫩叶500克，配以精盐、味精、葱、猪油炒制而成。有活血解毒的功效。

二、水蕨菜炒肉丝

　　1. 主料：鲜水蕨嫩幼叶250克、猪肉100克。

　　2. 调料：料酒、精盐、酱油、葱、姜。

　　3. 主要步骤：

　　鲜水蕨嫩幼叶250克、猪肉100克，配以料酒、精盐、酱油、葱、姜炒制而成。

鱼腥草 *Houttuynia cordata*

　　也称蕺（jí）菜、岑草、蕺儿菜、折耳菜、紫蕺、侧耳根、野花麦、九节莲、肺形草、臭菜、臭腥草、折耳根。具有清热解毒、消痈排脓、利水消肿、通淋的功效。嫩根茎可食，常作蔬菜或调味品。全株具鱼腥气，可炒食、凉拌或做汤。一般人群均可食用。鱼腥草性寒，不宜多食。

家常菜谱：

一、凉拌鱼腥草

　　1. 主料：鱼腥草。

　　2. 调料：盐、酱油、醋、白糖、鸡精、红油、干辣椒、花椒面。

　　3. 主要步骤：

　　（1）将鱼腥草的老根、须掐去，留下嫩白根及叶片，用清水多洗几遍，洗净去泥沙，用冷水浸泡10分钟，捞出控干水分待用；也可以用开水焯一下。

（2）将干辣椒切成段，放到温油中炸至酥脆，发出香味，连同油一块倒入碗中待用。

（3）将鱼腥草放到盆里，放入盐、酱油、白糖、醋、鸡精、红油、花椒面、炸好的辣椒油拌匀，即可食用。

二、鱼腥草蒸鸡

1.主料：嫩母鸡1只（重约1500克）、鱼腥草200克。

2.调料：精盐、味精、胡椒粉、葱段、姜片。

3.主要步骤：

（1）将鸡宰杀、去毛和内脏、脚爪洗净，放入沸水锅内焯一下，捞出洗净血污。将鱼腥草去杂洗净切段。

（2）取汤盆1只，放入全鸡、精盐、姜、葱、胡椒粉和适量清水，上笼蒸至鸡熟透，再加入鱼腥草、味精，略蒸即可出笼。

三、鱼腥草炒鸡蛋

1.主料：鲜鱼腥草150克、鸡蛋4只。

2.调料：精盐、味精、葱花、素油。

3.主要步骤：

（1）将鱼腥草去杂洗净切小段，鸡蛋磕入碗内搅匀。

（2）锅内油烧热，投入葱花煸香，放入鱼腥草煸炒几下，倒入鸡蛋一起煸炒至成块，加入适量水和盐，炒至鸡蛋熟而入味，点入味精推匀即成。

四、鱼腥草炒肉丝

1.主料：猪肉200克、鱼腥草100克。

2.调料：精盐、味精、姜丝、湿淀粉、猪油、鲜汤。

3.主要步骤：

（1）将猪肉洗净切丝，放碗内加盐、湿淀粉拌匀。鱼腥草去杂洗净切段。盐、味精、湿淀粉、鲜汤兑成汁。

（2）锅放油烧至六成热，下肉丝炒散，放鱼腥草炒几下，烹入兑好的汁，翻炒几下起锅装盘即成。

五、鱼腥草烧猪肺

1.主料：猪肺250克、鲜鱼腥草100克。

2.调料：料酒、精盐、味精、酱油、白糖、葱段、姜片、猪油。

3.主要步骤：

（1）将猪肺切成块，多次洗去血水。鱼腥草去杂洗净切段。

（2）锅加猪油烧热，放入猪肺煸炒至干，烹入料酒、酱油煸炒几下，加入葱、姜、精盐和适量水，烧至猪肺熟，加入白糖、料酒继续烧至猪肺熟透，投入鱼腥草烧至入味，点入味精即可出锅。

酸模 *Rumex acetosa*

蓼科多年生草本植物，俗名野菠菜、山菠菜、酸溜溜、牛舌头棵、水牛舌头、田鸡脚。全草供药用，有凉血、解毒之效；嫩茎、叶可作蔬菜。一般人群均可适用。酸模含有丰富的维生素A、维生素C及草酸。草酸导致此植物尝起来有酸溜口感，常被作为料理调味用。

家常菜谱：

一、凉拌酸模叶

1. 主料：酸模嫩叶200克。

2. 调料：精盐、味精、酱油、白糖、麻油。

3. 主要步骤：

（1）将酸模叶去杂洗净，入沸水锅焯一下，捞出洗净。

（2）挤出水，切段放入盘内，加入精盐、味精、酱油、白糖、麻油，拌匀即可。

二、酸模炒肉丝

1. 主料：酸模叶150克、猪肉100克。

2. 调料：料酒、精盐、味精、酱油、葱花、姜末。

3. 主要步骤：

（1）将酸模叶去杂洗净，入沸水锅焯一下，捞出洗净切段。猪肉洗净切丝。

（2）锅烧热放入猪肉煸炒，加入酱油、葱花、姜末煸炒至肉熟，放入料酒、精盐和适量水炒至入味，加入酸模叶煸炒至入味，点入味精推匀出锅即成。

 # 马齿苋 *Portulaca oleracea*

又名马苋、五行草、长命菜、五方草、瓜子菜、麻绳菜、马齿菜、蚂蚱菜。具有清肝明目之功效。嫩茎叶可作蔬菜。马齿苋含有丰富的二羟乙胺、苹果酸、葡萄糖、钙、磷、铁以及维生素E、胡萝卜素、B族维生素、维生素C等营养物质。马齿苋在营养上有一个突出的特点，它的ω-3脂肪酸含量高。ω-3脂肪酸能抑制人体对胆固醇的吸收，降低血液胆固醇浓度，改善血管壁弹性，对防治心血管疾病很有利。

家常菜谱：

马齿苋的吃法很多，生食、烹食均可。除去根部并洗净后，可以直接炒着吃；也可以将它投入沸水中，焯几分钟后，切碎拌菜吃；还可以做汤、饺子馅、和烙饼吃。

一、马齿苋粥

1. 主料：鲜马齿苋100克。

2. 调料：粳米50克、葱花5克。

3. 主要步骤：

（1）将马齿苋去杂洗净，入沸水中焯片刻，捞出洗去黏液，切碎。

（2）油锅烧热，放入葱花煸香，再投马齿苋，加精盐炒至入味，出锅待用。

（3）将粳米淘洗干净，放入锅内，加适量水煮熟，放入马齿苋煮至成粥，出锅即成。

此菜清淡鲜香，风味独特，具有清热解毒、健脾养胃的功效。适用于肠炎、痢疾、泌尿系统感染、疮痈肿毒等病症。

二、凉拌马齿苋

1.主料：鲜嫩马齿苋500克。

2.调料：蒜瓣、酱油、麻油适量。

3.主要步骤：

（1）将马齿苋去根、老茎，洗净后下沸水锅焯透捞出。

（2）用清水多次洗净黏液，切段放入盘中；将蒜瓣捣成蒜泥，浇在马齿苋上，倒入酱油，淋上麻油，食时拌匀即成。

此菜碧绿清香，新鲜可口，具有清热止痢、乌发美容的功效。可作为湿热痢疾、白癜风患者和因缺铜元素而造成白发患者的辅助食疗菜肴。

三、马齿苋炒鸡丝

1.主料：鲜马齿苋400克、鸡脯肉100克。

2.调料：葱、姜末各10克，蛋清1枚。

3.主要步骤：

（1）将马齿苋择洗干净，沥水备用；鸡脯肉切细丝，放碗内，加盐、味精、料酒抓匀，再放蛋清、湿淀粉抓匀。

（2）炒勺置中火上，加油烧至五成热，下入鸡丝划散，倒入漏勺沥油。

（3）炒勺置旺火上，加油烧至七成热时，煸葱、姜末，下马齿苋、料酒、清汤，炒至断生，下盐、味精、鸡丝炒匀，再放湿淀粉勾薄芡，最后淋香油，装盘即可。

此菜鲜嫩脆爽，具有健脾益胃、解毒消肿的功效。对脾虚不欲饮食、疮疖肿毒、小便不利等病症患者有一定的辅助食疗作用。

四、马齿苋炒鸡蛋

1.主料：马齿苋30克，鸡蛋250克。

2.调料：盐35克，料酒5克，食用油15克，味精2克，酱油3克。

3.主要步骤：

（1）先将马齿苋择去杂物，用温水泡10分钟，清水洗净，用刀切成段，备用。

（2）把鸡蛋打散，加入马齿苋调匀，加入精盐、料酒、酱油、味精少许，调味。

（3）炒锅刷洗净，加入食用油，烧热，将马齿苋和鸡蛋倒入锅内炒熟即可。

五、马齿苋肉丝汤

1.主料：猪瘦肉150克、马齿苋250克。

2.调料：大蒜2瓣、淀粉适量、食用油25克、酱油2小匙、精盐1小匙。

3.主要步骤：

（1）猪瘦肉洗净，切丝，用酱油、淀粉腌渍。

（2）马齿苋择洗干净，掐断；大蒜洗净捣成茸。

（3）锅内放油，烧热，爆香大蒜茸，加适量清水，下马齿苋煮至六成熟。

（4）加肉丝煮熟，用精盐调味即可。

鹅肠菜 *Myosoton aquaticum*

又名鹅肠草、伸筋藤、牛繁缕、繁缕。食用部位为鹅肠草的嫩茎叶。每100克鹅肠草含脂肪0.3克、蛋白质18克、纤维1.4克、钙150毫克、磷10毫克，还含有多种维生素、矿物质。鹅肠菜有清热解毒、活血、消肿之功效，主治肺炎、痢疾、高血压、月经不调、痈疽、痔疮等症。

家常菜谱：

一、清炒鹅肠草

1.主料：鹅肠草400克，豆腐丝、火腿丝各25克。

2.调料：精盐、植物油、鲜汤各适量。

3.主要步骤：

（1）用清水浸泡豆腐丝，去豆腥气；鹅肠草洗净，放入沸水锅中稍烫，切成段。

（2）炒锅上火，放油烧至四成热，下豆腐丝略煎，放精盐、火腿丝炒匀，下鹅肠草和少许鲜汤稍炒，盛起装盘即成。

二、鹅肠草烧豆腐

1.主料：鹅肠草150克，豆腐150克。

2.调料：精盐、味精、葱花、植物油各适量。

3.主要步骤：

（1）将鹅肠草去杂洗净，入沸水锅焯一下，捞出洗净切段；豆腐切块入沸水锅焯一下捞出。

（2）锅内放油烧热，放入葱花煸香，放入豆腐，加入精盐和适量的水，烧至入味，投入鹅肠草，烧至入味，点入味精，出锅即成。

三、蒜蓉鹅肠草

1.主料：鲜鹅肠草500克、蒜蓉20克。

2.调料：精盐、味精、香油、植物油各适量。

3.主要步骤：

（1）将鹅肠草洗净，放入沸水锅中稍焯，沥水切段。

（2）炒锅上旺火，放油至七成热，下蒜蓉煸香，放入鹅肠草、精盐，炒至入味，放味精、淋香油，装盘即成。

四、酸辣鹅肠草

1.主料：鹅肠草500克。

2.调料：精盐、植物油、白糖、醋、红辣椒、花椒粉、味精各适量。

3.主要步骤：

（1）将鹅肠草去杂洗净，入沸水迅速烫一下，沥干水，装盘；红辣椒切丝。

（2）炒锅上火，放油烧热，投入红辣椒丝炸一下，趁热倒在鹅肠草上，加入精盐、白糖、醋、花椒粉、味精，拌匀即成。

 # 芡 *Euryale ferox*

芡实也称鸡头米，鸡头米喻为"水中人参"。除药用价值外，也可食用。种子含淀粉，可食用或酿酒。芡实的性能与莲子相似。主要有补脾胃、涩精、止带、止泻的作用。可单用煮粥或研末、煎汤服。常与莲子同用。秋季用芡实进补，常吃可健身体，强筋骨，耳聪目明。

家常菜谱：

芡实分生用和炒用两种。生芡实以补肾涩精为主，而炒芡实以健脾开胃为主。炒芡实一般药店有售，因炒制时，要加麦麸，并掌握一定的火候，家庭制作不方便。另外，亦有将芡实炒焦使用的，主要以补脾止泻为主。芡埋在池塘淤泥部分白色茎可以切成小段，加青椒、盐等作料爆炒，味道鲜美。

一、芡实粥

1.主料：芡实50克、大米100克。

2.主要步骤：

（1）将炒芡实50克倒入锅内，加水煮开片刻。

（2）再加淘洗干净的大米100克，粥成即可食用。

二、芡实糊

1.主料：芡实1000克。

2.调料：芝麻、花生仁、核桃肉。

3.主要步骤：

（1）将炒熟的芡实1000克研磨成粉，临服时，取50～100克粉末冲开水调服。

（2）随自己喜好，可加入芝麻、花生仁、核桃肉等。

三、芡实炖老鸭

1. 主料：老鸭一只、生芡实200克。

2. 调料：葱、生姜、料酒、少许食盐、味精。

3. 主要步骤：

（1）将老鸭宰杀后，去毛、内脏，洗净血水。

（2）再把洗净的生芡实200克装入鸭腹，置砂锅中，加水适量。

（3）烧沸后，放入葱、生姜、料酒，文火炖熬2小时，至鸭肉熟烂即成。食用时加入少许食盐、味精，吃肉喝汤。

四、萝卜莲子芡实猪舌汤

1. 主料：萝卜750克、莲子50克、芡实25克、蜜枣3枚、猪舌500克、猪骨750克。

2. 调料：适量食盐和少量油。

3. 主要步骤：

（1）萝卜连皮洗净，斜向切成中块。

（2）莲子、芡实、蜜枣去核洗净，用清水稍浸泡。

（3）猪舌反复刮洗干净，切成大块，连同猪骨用开水稍煮沸片刻，去掉血水，猪骨飞水后则用刀背敲裂。

（4）把所有材料一起放进煲内煲2.5小时，放适量食盐和少量油调味便可。

五、人参芡实羊肉汤

1. 主料：人参9克、芡实15克、莲子（去心）15克、淮山15克、大枣10克、羊肉500克。

2. 调料：香油、味精、精盐各适量。

3. 主要步骤：

（1）将羊肉洗净，切成小块。

（2）锅置火上，加适量清水，放入羊肉块、人参、芡实、莲子、淮山、大枣，用旺火煮沸后，改用文火炖至肉熟透时，放入香油、味精、精盐调味即成。

六、淮山芡实粥

1. 主料：铁棍山药300克、薏仁50克、芡实50克、大米100克、枸杞适量。

2. 主要步骤：

（1）薏仁和芡实洗净后，用清水浸泡2小时。

（2）大米洗净后，用清水浸泡半小时（不泡也可以）。

（3）将浸泡好的薏仁、芡实放入锅中，倒入1500毫升清水，大火煮开后，调成小火煮30分钟，然后倒入大米继续用小火煮20分钟。

（4）带上橡胶手套，将山药去皮（否则山药的黏液会让手部发痒），切成3毫米厚的片，放入锅中，再继续煮10分钟即可。

莲 *Nelumbo nucifera*

莲属于莲科的多年生水生宿根草本植物。又称荷、荷花、莲花、芙蕖、鞭蓉、水芙蓉、水芝、水芸、水旦、水华等，溪客、玉环是其雅称，未开的花蕾称菡萏，已开的花朵称鞭蕖。莲全身是宝，藕、叶、叶柄、莲蕊、莲房（花托）入药，能清热止血；莲心（种子的胚珠）有清心火、强心降压功效；莲子（坚果）有补脾止泻、养心益肾功效。人们习惯上称种子为"莲子"、地下茎为"藕"、花托为"莲蓬"、叶为"荷叶"。地下茎（莲藕）、种子、花和嫩叶均入药和供食用。中国南北各地广泛种植，武汉、杭州等地的品种尤多。

家常菜谱：

藕和莲子营养丰富，生食、熟食均宜。莲子有安神作用，常作汤羹或蜜饯，为中国民间滋补佳品。荷花花瓣、嫩叶可佐食。莲藕是最好的蔬菜和蜜饯果品。莲叶、莲花、莲蕊等也都是中国人民喜爱的药膳食品。传统的食谱有莲子粥、莲房脯、莲子粉、藕片夹肉、荷叶蒸肉、荷叶粥等。据测定，每百克莲子内含蛋白质19.56%、脂肪2%、淀粉42.8%、还原糖1.2%、氨基酸总含量15.79%（含17种氨基酸）以及少量的钙、磷、铁、氧化黄心树宁碱（具有抗癌作用）等，乃滋补佳品，自古就有"南莲北参"之说。

Ⅰ 莲子的家常菜谱

一、冰糖银耳莲子羹

1.原料：银耳、莲子、红枣、桂圆肉、枸杞、冰糖各适量。

2.主要步骤：

（1）先将银耳用温水泡开，择洗干净撕成小朵（去掉根部发黄的部分），加入少许盐放在清水中待用。桂圆肉洗净待用。

（2）取汤锅一个，加入适量的清水开火加热，再将原料依次放入；大火烧开后，撇去浮沫改小火焖2～3小时，待原料软烂、汤汁稠浓时即可。

二、莲子百合粥

1.原料：大米150克、百合干25克、莲子25克、枸杞10颗、冰糖20克。

2.主要步骤：

（1）百合干用刀背碾成粉状。

（2）莲子、枸杞用热水稍泡。

（3）大米淘洗干净用冷水浸泡半小时。锅中放水，先放入大米、百合干烧开后，再放入莲子，改用中火继续熬煮至熟，最后放入冰糖即可。

三、莲子粥

1.主料：粳米80克、莲子15克。

2.主要步骤：

（1）将嫩莲子发涨后，在水中用刷擦去表层，抽去莲心。

（2）洗干净后放入锅内，加清水在火上煮烂熟，留作备用。

（3）将粳米淘干净，放入锅中，加清水煮成薄粥，粥熟后掺入莲子，搅匀，趁热服用。

四、银耳莲子粥

1.主料：干银耳15克、干白莲100克、冰糖80克。

2.主要步骤：

（1）将干银耳与莲子用清水泡发2小时，银耳拣去老蒂及杂质后撕成小朵，然后与泡过的莲子一起过水冲洗干净，滤干备用。

（2）将银耳、莲子、冰糖倒入高压锅中，加入小半锅水，盖上盖，大火烧上气后，改小火，炖30分钟左右。

（3）最后开盖放气，热食或者晾凉后放入冰箱冷藏后再食用均可。冷食口感更佳。

五、红枣银耳莲子汤

1.主料：银耳、雪梨、红枣、薏米、莲子、冰糖。

2.主要步骤：

（1）银耳泡发后洗净掰成小朵，雪梨去皮切成小块备用。

（2）莲子、薏米、红枣洗净后一起放进慢炖锅里，加入银耳和雪梨及适量冷水，加入两小块冰糖，炖2小时即可。

Ⅱ 藕的家常菜谱

民谚说"荷莲一身宝，秋藕最补人"。藕微甜而脆，可生食也可煮食，是常用餐菜之一。藕可分为红花藕、白花藕、麻花藕。红花藕瘦长，外皮褐黄色、粗糙，水分少，不脆嫩；白花藕肥大，外表细嫩光滑，呈银白色，肉质脆嫩多汁，甜味浓郁；麻花藕粉红色，外表粗糙，含淀粉多。藕一般也可分为两种，即七孔藕与九孔藕。七孔藕又称红花藕，外皮为褐黄色，体形又短又粗，生藕吃起来味道苦涩；九孔藕又称白花藕，外皮光滑，呈银白色，体形细而长，生藕吃起来脆嫩香甜。当然七孔和九孔只是一个大致的区分方法，并不是所有的藕都是七孔和九孔。生品清热生津，凉血止血；熟用补益脾胃，益血生肌。每100克藕含能量293千焦，水分80.5克、蛋白质1.9克、脂肪0.2克、膳食纤维1.2克、碳水化合物15.2克等。藕的吃法很多，既可单独做菜，也可用作配料。鲜藕炖排骨、凉拌藕片、虾仁藕丝、鱼香藕丝都是常见的吃法，也可以做成藕肉丸子、藕饺、藕粥、藕粉糕等。

一、莲藕炖排骨

莲藕炖排骨是一款家常汤品，主料是莲藕和排骨，主要烹饪工艺是煮。莲藕和排骨荤素搭配，营养均衡，可作为食补汤食用。

做法（一）

1.主料：排骨500克（小排为佳），长节莲藕2～3节。

2. 配料：葱白3～5段，姜片若干，小辣椒2只，盐、味精、鸡精、茴香、花椒适量。

3. 主要步骤：

（1）将莲藕切成楔形块状。

（2）烧一锅开水，倒出一半至另一锅内。在其中一锅内放入莲藕块，用中火煮。

（3）在另一锅中放入新鲜排骨，高火烧3分钟后将油水倒出，再将已显白色的排骨放进有莲藕的锅中，同时放入姜片、葱白，加盖高火清煮。

（4）约10分钟后，打开锅盖，用勺略略翻搅后，将截成两段的小辣椒、花椒、茴香适量入锅，并放入少量盐，再加盖中火炖之。

（5）20分钟后，在翻滚的汤里加适量鸡精、盐，稍加混合后再加盖小火炖10分钟，然后洒些许味精，开盖用小火煨2分钟左右。

做法（二）

1. 主料：莲藕200克、排骨300克、红枣3粒。

2. 调料：葱段10克、姜片10克、盐8克、胡椒粉5克、料酒10克、烹调油30毫升。

3. 主要步骤：

（1）将排骨洗净切成寸段，莲藕洗净用刀刮去表面的粗皮后切滚刀块，备用。

（2）锅中加油烧至起烟时放入葱段和姜片炒香，随即倒入排骨翻炒，排骨上的肉变色后烹入料酒炒出香味，待用。

（3）取一汤锅，倒入炒好的排骨，加满开水，再放入莲藕块、红枣，用旺火烧开后改用小火炖1小时，加盐和胡椒粉调味，即可。

二、凉拌藕片

1. 主料：莲藕500克。

2. 调料：酱油15克、精盐6克、味精2克、葱花3克、姜丝3克、蒜片3克。

3. 主要步骤：

（1）将莲藕洗干净，削去皮，切成片用开水烫一下，控去水分，装入盘内。

（2）在藕片上放上葱花、姜丝、蒜片，加入酱油、精盐、味精，拌匀即成。

三、鱼香藕丝

1. 主料：莲藕300克、猪肉（瘦）150克。

2. 调料：泡椒5克、姜5克、大葱5克、豆瓣辣酱8克、醋10克、白砂糖10克、辣椒油5克、香油10克、黄酒5克、淀粉（玉米）15克、味精3克、花生油50克。

3. 主要步骤：

（1）将精肉切成丝，加黄酒、少许细盐、干淀粉拌匀上浆，放在低温处涨发一下。

（2）将嫩藕去皮切成细丝，放入清水中漂清黏液，捞出沥干。

（3）泡椒、葱姜均切丝。

（4）烧热锅，放生油，烧至三成热时，把上浆肉丝放入划散，再把藕丝放入炒匀，再一起倒出沥油。

（5）原锅内留少量油，放泡椒丝、葱姜丝和四川豆瓣辣酱，煸出香味和红油，再放肉丝、藕丝一起翻炒，并加黄酒、白糖、米醋、鲜汤、味精，下水生粉勾包芡，使卤汁紧包主辅料，淋上麻油、红辣油，增香增味增色，装盆即成。

四、藕丸子

1.主料：藕400克、肉馅适量、虾米少许。

2.调料：香葱末少许，鸡蛋1个，盐1小匙，糖1/2小匙，香油少许，料酒1小匙，淀粉适量，蒜茸，姜末，葱末适量，酱油1小匙。

3.主要步骤：

（1）将藕洗净，削去皮，切除节，处理成藕泥。

（2）将肉馅与藕泥混合，并加入盐、料酒、香油、淀粉、蒜茸、姜末、葱末、虾米、鸡蛋，搅拌均匀后打至上劲，然后做成大小一致的丸子备用。

（3）把做好的丸子分成两部分，可以一半清蒸，一半红烧。

（4）将清蒸丸放入盘中，盘底可刷香油，或垫菜叶，如果有荷叶的话，可用荷叶包裹住藕丸，上笼屉蒸15分钟左右即可取出，撒上葱末，吃的时候可蘸酱油、辣椒和醋汁食用。

（5）红烧丸则需要先炸一下。锅内倒油，烧至四成热时，放入丸子炸至金黄，捞出沥油，锅内留底油，加入少许开水，放入藕丸，烧开后加入酱油、白糖，烧约5分钟起锅装盘即可。也可用水淀粉勾芡，使汤汁更好地包裹住丸子。

五、莲藕秋葵

1.主料：莲藕2根、秋葵2根、胡萝卜半根。

2.辅料：葵花子油、盐巴、生抽、鸡精各适量。

3.主要步骤：

（1）莲藕切成丁，胡萝卜也切成丁。

（2）秋葵切片。

（3）锅烧热，下适量油，先下胡萝卜煸炒，然后下藕丁，一起翻炒。

（4）加盐巴少许，继续翻炒，再加入秋葵。

（5）加少许清水和生抽，着色。出锅前撒上一些鸡精即可。

六、冰糖莲藕

1.主料：莲藕3节、圆糯米500克。

2.调料：冰糖1000克。

3.主要步骤：

（1）莲藕先以小刀子刮去深色皮并且洗干净后，从头端预留2分处切开，再将切口处倒扣在毛巾上使莲藕出水至干爽。

（2）接着以摇晃莲藕的方式填入糯米，再将莲藕盖子盖上后，将牙签斜插入，并用工具敲入至剩下1个指头宽的高度固定备用。

（3）锅中加入可淹盖过莲藕的冷水，放入莲藕以小火焖煮大约5小时至糯米熟后，再加入冰糖煮4～5小时至汤汁浓稠后，起锅以小刀子切片，再盛入盘中即可完成。

III　藕带的家常菜谱

藕带，古时称藕鞭、藕丝菜、银苗菜。又称藕心菜、藕梢、藕苗。藕带是莲的幼嫩根状茎，由根状茎顶端的一个节间和顶芽组成。藕带与莲藕为同源器官，条件适宜时，藕带膨大后就成为了藕。最合适的采摘时间是夏季的雨后，顺着伸出水面的"绿桩"向下直至淤泥中的根，在连着两根藕苗那一端，粗的一根就是藕带。桩越低，下面的藕梢越嫩。炒、拌、煎、蒸、炸、熘、生吃皆可。既可作主料，又可作配料，荤素皆宜。最为有名的是清炒藕带和酸辣藕带这两道菜，但不管怎么吃，味道都是绝佳的。

酸辣藕带

酸辣藕带，经典鄂菜名菜。这是鱼米之乡湖北最特色的菜品之一。藕带，又叫鸡头管，事实上就是还没有成形的藕，也就是最嫩的藕。

1. 主料：藕带。

2. 调料：干辣椒丝、姜丝、盐、醋。

3. 主要步骤：

（1）新鲜藕带洗净斜切成寸段，泡在水里以免变色。如果藕带偏老或不太新鲜，则需要去皮。

（2）红辣椒切丝备用。

（3）热锅下油，放入姜丝，干红辣椒，小火煸至出香味。

（4）倒入沥过水的藕带和切成丝的红辣椒，快速翻炒，至断生，加入白醋、盐调味，翻炒均匀即可。

IV　荷叶的家常菜谱

荷叶常用作包烤或包菜肴，如荷叶蒸鸡或包米作荷叶饭等。

一、荷叶粳米粥

1. 主料：荷叶、米。

2. 主要步骤：

（1）荷叶一把，放入小药袋里略洗一下，然后放入砂锅，添加足量的清水，大火煮开后转小火煎30分钟，荷叶包可以捞出来了，留汤汁备用。

（2）抓一小把米，洗干净后，放入煮开的荷叶水里，转小火煮至米烂粥熟。

二、荷叶饭

1. 主料：荷叶、米、猪肉和虾仁。

2. 调料：少许料酒、生抽、淀粉。

3. 主要步骤：

（1）大米用水浸泡2小时后加入少许油拌匀。

（2）荷叶用滚水烫洗干净。

（3）把大米放入荷叶中包好。

（4）入锅用大火蒸15分钟后取出备用。

（5）香菇、猪肉洗净切丁，猪肉和虾仁用少许料酒、生抽、淀粉拌匀腌5分钟。

（6）锅中倒入适量油，油热后放入肉丁、虾仁和香菇丁煸炒。

（7）调入料酒、生抽、盐和胡椒粉翻炒均匀，再把蒸好的米饭放进去，淋入香油。

（8）把之前蒸米饭用的荷叶重新铺开，把炒好的米饭放入荷叶中间，再把荷叶的四边向里折叠包住米饭，将包好的荷叶饭放入蒸锅，用大火蒸15分钟即可。

三、鲜荷叶粉蒸肉

1.主料：荷叶、带皮五花猪肉500克。

2.调料：黄酒、少许料酒、生抽、淀粉。

3.主要步骤：

（1）带皮五花猪肉500克，并切成一指见方的小块，大小可按个人喜好而定。

（2）准备荷叶两大张。

（3）川味辣椒香料一小盆。

（4）在切好的五花肉里撒入盐与胡椒，搅拌腌制。

（5）在腌好的五花肉里倒入黄酒、生抽，进行搅拌，让肉充分抹上味。

（6）准备香米一碗，加入少许花椒。

（7）热锅后，将香米与花椒入锅，干炒。觉得有点粘锅时就倒一点油进去，炒至香米变色成金黄。

（8）将炒好的香米与川味辣椒香料混合研磨。

（9）将腌好的五花肉、掺有辣椒的金黄香米一起混合拌好，包入荷叶内入锅蒸，先上大火10分钟，再改至中火蒸30分钟左右。

（10）出锅后的成品，融合了荷叶粉蒸肉的酥嫩油滑与川菜的麻辣沁人，味之美香甚浓。

四、荷叶尖炒鸡蛋

1.主料：荷叶芽100克、土鸡蛋3个。

2.调料：食用油、盐、香葱。

3.主要步骤：

（1）新鲜荷叶嫩芽洗净备用。

（2）锅里加水烧开，放入荷叶芽焯烫1分钟。

（3）焯好的荷叶芽捞出控干水分。

（4）切成粗细均匀的丝。

（5）打散3个土鸡蛋备用。

（6）锅里放油，倒入葱花小火炸一下。

（7）倒入荷叶丝，翻炒1分钟。

（8）均匀倒入鸡蛋液，调少许的盐，翻炒至蛋液凝固，即可装盘食用。

V 荷花的家常菜谱

软炸荷花

1.主料：白荷花12片、豆沙馅160克、鸡蛋清2个、面粉50克、糖桂花10克、植物油750克。

2.主要步骤：

（1）荷花瓣洗净，白布沾干水分，切去荷花梗部，切成两片。

（2）豆沙馅分成24份，每片荷花上放一份馅心，对叠包好。

（3）面粉放碗内，放入鸡蛋清加水搅拌成糊。

（4）炒锅烧热，放油烧至五成热，改用小火，将包叠好的荷花片放入面粉糊内挂满糊，用筷子挟入油锅中炸至浮起捞出，分3次炸，每次可炸8片。

（5）全部炸好后改用中火，待油温烧至六成热，再将炸过的荷花片投入重炸一下，边炸边用手勺拨动，炸见荷花片呈浅黄色时捞出，撒上糖桂花即成。

荠菜 *Capsella bursa-pastoris*

茎叶作蔬菜食用。荠菜的营养价值很高，每100克荠菜鲜茎叶含蛋白质2.9克、脂肪0.4克、粗纤维2.2克、糖4.3克、胡萝卜素1.77毫克、维生素B$_1$ 0.06毫克、维生素B$_2$ 0.14毫克、维生素PP 0.3毫克、维生素E 0.57毫克、钾328毫克、钙245毫克、铁4.7毫克、锌0.63毫克。此外，还含有胆碱、乙酰胆碱、芥菜碱、黄酮类等成分。荠菜具有健脾利水、止血解毒、降压明目等功效，主治痢疾、水肿、淋病、乳糜尿、吐血、便血。用荠菜汤加米面做成的"百岁羹"，被人们称为益寿延年的"寿食"。

家常菜谱：

荠菜的吃法很多，可凉拌、炒肉、做汤、煮粥、笼蒸，做馅包水饺，也可做荠菜鱼卷、荠菜冬笋等。

一、荠菜炒鸡蛋

1.主料：荠菜、鸡蛋。

2.调料：食用油、盐。

3.主要步骤：

（1）荠菜洗净，控干水，切碎，放入打好的鸡蛋液里。

（2）加盐，打匀，然后热锅热油炒熟即可。

二、猪肉荠菜水饺

1.主料：猪肉、荠菜、豆腐干、鸡蛋、面粉（高筋面粉）。

2.调料：葱、姜、蒜、香菜、料酒、陈醋、白醋、老抽、生抽、麻油、五香粉、胡椒粉、白糖、盐。

3.主要步骤：

（1）盆里放面粉加水揉成面团上盖饧20分钟以上。

（2）荠菜洗净，煮锅加水烧开，放入荠菜烫一下捞出，冷水冲洗，挤掉水分剁碎。

（3）豆腐干洗净切碎。

（4）葱姜蒜切末，香菜切碎。

（5）猪肉洗净切成肉丁再剁成肉糜，放鸡蛋（1个）、葱 、姜、料酒、陈醋、老抽、五香粉、胡椒粉、白糖、麻油，顺一个方向搅拌上劲，加入荠菜、豆腐干、适量盐、植物油搅拌均匀。

（6）饧好的面团揉到表面光滑，搓成粗细均匀的长条（可以面团中间戳个洞，慢慢捏成粗细一样的圆圈，掐断，再搓到光滑），切成大小一样的面剂，按扁，擀成面皮（中间稍厚），放馅料对折包成饺子。

（7）煮锅加水烧开，依次放入包好的饺子，等水开加3次冷水，饺子膨胀浮起加冷水关火，捞出沥干水分装盘。

（8）蒜末、香菜末、白醋、生抽、麻油制成酱料即可。

三、荠菜汤

1.主料：荠菜、鸡蛋。

2.调料：葱花、油。

3.主要步骤：

（1）荠菜洗净。

（2）锅内放少许油，用葱花爆香，添水，烧开后放入荠菜，几分钟后倒入搅好的鸡蛋液。

四、荠菜豆腐羹

1.主料：荠菜100克、豆腐1块。

2.调料：油、盐、芝麻油适量。

3.主要步骤：

（1）荠菜洗净，焯水，挤干水分切碎；豆腐切块。

（2）起锅热油放豆腐和2碗水烧开。

（3）放盐和鸡精调味，加荠菜烧开即可。

五、凉拌荠菜香干

1.主料：荠菜300克、香干50克。

2.调料：盐、芝麻油、鲜味酱油、糖适量。

3.主要步骤：

（1）荠菜洗净，焯水，挤干水分切碎；香干切丁。

（2）用盐、芝麻油、鲜味酱油、糖调成汁浇在荠菜、香干上，拌匀即可食用。

六、荠菜干张卷

1.主料：荠菜、香菇、木耳、瘦肉、鸡蛋、千张、春笋。

2.调料：盐、鸡精、食用油适量。

3.主要步骤：

（1）荠菜清理干净，春笋切成细粒，香菇、木耳切末，瘦肉剁成细粒。

（2）荠菜下开水焯，变色后立即捞出，捏紧挤掉多余的水分。

（3）把荠菜、香菇、木耳、春笋、瘦肉倒入大盆内，打入鸡蛋，倒入适量食用油，加盐、鸡精调味搅匀。

（4）千张一分为六，逐一包入荠菜馅。

（5）包好后，放入蒸笼蒸8分钟即可。凉后，取出装盘。

碎米荠 *Cardamine hirsute*

又名山芥菜、白花山芥菜、假芹菜、菜子七、角蒿。全草作野菜食用。食用部位为十字花科植物碎米荠的嫩茎叶。每100克碎米荠嫩茎叶含水分75克、蛋白质2.3克、脂肪0.6克、碳水化合物18克、粗纤维18克、胡萝卜素5.73毫克、硫胺素0.04毫克、抗坏血酸117毫克、烟酸2.1毫克、钙268毫克、磷61毫克、铁8.9毫克。

家常菜谱：

一、凉拌碎米荠

1.主料：碎米荠嫩茎叶250克。

2.调料：精盐、味精、酱油、香油各适量。

3.主要步骤：

（1）碎米荠择洗干净，沸水焯一下，捞出，冷水投凉，取出，挤干水分，切段。

（2）放盘内加入精盐、味精、酱油、香油拌匀即成。

特点：色泽油亮碧绿，质地细嫩，香鲜可口。

二、碎米荠鸡蛋汤

1.主料：碎米荠嫩茎叶250克，鸡蛋2个。

2.调料：精盐、味精、葱丝、色拉油各适量。

3.主要步骤：

（1）碎米荠择洗干净，切段。

（2）鸡蛋打入碗内，搅拌均匀。炒勺置火上，放色拉油烧热，下葱丝煸香，投入碎米荠煸炒，加入精盐炒至入味，盛出待用。

（3）炒勺置旺火上，加清水适量烧沸，点入味精，装入汤碗即成。

三、碎米荠煎蛋饼

1.主料：碎米荠嫩茎叶150克、鸡蛋6个。

2.调料：精盐、鸡精、胡椒粉、色拉油、香油各适量。

3. 主要步骤：

（1）碎米荠去杂洗净，切成碎末。

（2）鸡蛋磕入碗中，加入精盐、鸡精、胡椒粉和香油搅散，再放入碎米荠末搅匀。

（3）平底锅置火上，放入色拉油烧热时，放入2/3的碎米荠鸡蛋液炒至八成热，起锅装入碗中与剩余的鸡蛋搅匀。

（4）平底锅洗净重上火，放入色拉油烧热，将拌匀的鸡蛋液放入锅中，煎成圆形的蛋饼，至两面呈金黄色且熟透时，起锅切成8块，再拼成圆饼形，出锅装盘。

诸葛菜 *Orychophragmus violaceus*

诸葛菜又名菜子花、二月兰、紫金草、二月蓝，为早春常见野菜，嫩茎叶可炒食，其嫩茎叶生长量较大，营养丰富。野外采集一般在3～4月份进行。采后只需用开水焯一下，去掉苦味即可食用。种子可榨油，种子含油量高达50%以上，是很好的油料植物。

家常菜谱：

一、凉拌野菜二月兰

1. 主料：二月兰。

2. 调料：食用盐、醋和香油各适量。

3. 主要步骤：

（1）凉拌时需要把采集的野菜二月兰用清水浸泡15分钟，取出后洗净，入开水焯烫一下，捞出过冷水，再切成段状。

（2）加入食用盐、醋和香油等调味料调匀就可以。另外喜欢吃大蒜的也可以加入适量的蒜泥调制。

二、野菜二月兰肉馅

1. 主料：二月兰、牛肉或者羊肉。

2. 调料：生抽、盐以及香油和五香粉各适量。

3. 主要步骤：

（1）把新鲜的二月兰用开水焯烫，去掉水分。

（2）与牛肉或者羊肉一起剁碎。

（3）加入生抽、盐以及香油和五香粉等，调制成馅料，再做成包子或者饺子。

三、炒野菜二月兰

1. 主料：二月兰。

2. 调料：盐、香油各适量。

3. 主要步骤：

（1）清水浸泡洗净。

（2）切成段状，按自己的口味需要，直接炒制成各种菜品。

垂盆草 *Sedum sarmentosum*

也称狗牙半支、狗牙瓣、鼠牙半支、石指甲、佛指甲、打不死等。全草入药，有清热解毒、消肿利尿、排脓生肌等功效。幼嫩垂盆草可食用。

家常菜谱：

一、凉拌垂盆草

1.主料：幼嫩鲜垂盆草。

2.调料：精盐、油、蒜、辣椒、白糖适量。

3.主要步骤：

（1）幼嫩鲜垂盆草，用沸水烫后换清水浸泡，去掉苦味，装盘。

（2）放入蒜、辣椒、糖和精盐于垂盆草上，将烧热的油浇到辣椒上，加入少许醋，拌匀即可。

二、红枣垂盆草茶

1.主料：红枣（去核）50克、鲜垂盆草500克。

2.调料：白糖适量。

3.主要步骤：

（1）将红枣、鲜垂盆草分别洗净，加水1000毫升，煎至500毫升。

（2）拣出垂盆草，下白糖调溶。每日服多次，食枣，汁代茶饮。

 # 地榆 *Sanguisorba officinalis*

又名黄瓜香、山地瓜、猪人参、血箭草。嫩叶可食，又作代茶饮。

家常菜谱：

一般春夏季采集嫩苗、嫩茎叶或花穗，用沸水烫后换清水浸泡，去掉苦味，一般用于炒食、做汤和腌菜，也可做色拉。因其具有黄瓜清香，做汤时放几片地榆叶更加鲜美。还可将其浸泡在啤酒或清凉饮料里增加风味。

菱 *Trapa bispinosa*

菱果实及菱的根、茎、叶具有各种营养成分和显著的药效，因此它是生产滋补健身饮料的适宜原料。果含淀粉50%以上，可供食用酿酒。菱果肉的干物质中蛋白质含量为14.21%、淀粉为68.95%、灰分为3.96%。菱中含有常见的18种氨基酸，其中包括人体营养必需的8种氨基酸，氨基酸总量占干物质的13.45%，必需氨基酸占氨基酸总量的36.74%，人体必需微量元素Zn、Fe、Cu、Ca、Mn的含量较高。

家常菜谱：

一、酱焖菱角藤

1.主料：菱角藤。

2.调料：蒜、姜、辣椒、豆瓣酱、生抽适量。

3.主要步骤：

（1）手抓1把晒干的菱角藤，然后放入盆内加水泡一夜。中途翻一翻，换一次水。

（2）第二天早上起来，将泡发好的菱角藤清水洗一次，拧干水，切小段。

（3）起锅，猪油、色拉油入锅，待油锅很旺加入切好的蒜、姜、辣椒，爆香后菱角藤入锅大火翻炒，待半熟，加几滴酒再翻炒，片刻后加入辣的豆瓣酱翻炒均匀后加生抽、半碗水盖锅焖。

（4）焖至汤水干了即可。

二、菱角焖五花肉

1.主料：菱角、猪肉。

2.调料：蒜、姜、糖、黄酒、盐、老抽适量。

3.主要步骤：

（1）用小锅烧开水，把猪肉放下去烫煮一下，水里可以放两片生姜。煮的时间不要太长，水开放猪肉，猪肉表面的颜色变白捞出来。

（2）锅中放油少许，放两个八角炸香。

（3）放入处理好的五花肉，建议不要切得太薄。小火把肉炒香，把肥肉里面的油给逼出来；炒到肉的表面略有些焦色，把葱姜和辣椒放入，翻炒到闻到葱姜的香味飘出。

（4）在锅里放一大勺糖，翻炒，炒到所有的糖都熔化，有焦糖的颜色和味道。

（5）往锅里加一碗开水，调小火，加黄酒、盐、老抽和生抽调好味道，盖上锅盖，焖煮40分钟。中间要打开锅盖观察一下不要煮干了。水不够了要加开水，最好一次加够。

（6）最后加入菱角，焖到五花肉和菱角都变酥软。大火收汁，起锅装盘。

三、板栗菱角炒糯米饭

1.主料：板栗、菱角、糯米。

2.调料：青葱、盐、味精适量。

3.主要步骤：

（1）糯米泡发，泡发糯米的水过滤留用。板栗、菱角分别去壳；板栗切成1/3玉米粒大小，菱角也切成1/3玉米粒大小，小葱切成米粒大小。

（2）炒锅烧热，下油20毫升烧至七成热，放入板栗粒和菱角粒炒至透明，转为小火，倒入沥干的糯米不停翻炒，加一点泡米水翻炒后再加5毫升油炒（重复一次）。

（3）待糯米软熟，板栗和菱角都熟了，放青葱、盐、味精调味，即可。

四、嫩菱凤尾虾

1.主料：嫩菱角、凤尾虾、毛豆。

2.调料：黄酒、生粉、盐、味精适量。

3.主要步骤：

（1）将菱角剥壳取肉。

（2）虾去头去壳，去虾泥肠线后洗净，加黄酒、生粉拌匀腌制15分钟。

（3）热油锅后，将虾先倒入油锅里滑炒变色后捞出。

（4）然后留余油将毛豆下锅煸炒透，等毛豆过油炒透后，最后将菱角、虾倒入锅里一同翻炒，加盐、鸡精勾薄芡入味即可。

五、秋葵百合炒菱角

1.主料：秋葵、百合、菱角。

2.调料：红甜椒、橄榄油、盐、味精适量。

3.主要步骤：

（1）用剪刀剪一个小口，剥去菱角外皮，洗干净待用。

（2）红甜椒洗干净，切菱形块待用。

（3）秋葵洗干净，切除根蒂，然后从中间一分为二待用。

（4）用刀将整只鲜百合的两头切去，一是为了整齐，二是正好可以将两头的黑色的根去除。鲜百合剥开一瓣瓣的，洗干净待用。

（5）锅内倒入少许初榨橄榄油，放入姜片煸香，放入菱角、秋葵、红甜椒煸炒，加少许水，调中火略微煸炒。放盐、蘑菇精，最后放百合略炒，勾一点点薄芡，出锅装盘即可。

六、菱角烧肉

1.主料：五花肉、菱角。

2.调料：姜、料酒、生抽、老抽、盐、味精适量。

3.主要步骤：

（1）菱角去壳。水里放入姜片，将五花肉焯水备用。

（2）热锅下油，放姜片、葱花炒香，下沥过水的五花肉翻炒至出油；倒入料酒、生抽、老抽，加入糖给五花肉上色。

（3）加入开水，小火炖约30分钟。

（4）放入菱角，加盐。再小火炖30分钟左右，大火收汁，起锅装盘。

野菱 *Trapa incisa var. quadricaudata*

野菱属于菱科，同本科植物一样，果实都含淀粉，供食用。坚果三角形，很小，其四角或两角有尖锐的刺，绿色，上方两刺向上伸长，下方两刺朝下，果柄细而短。

家常菜谱：

食用方法及家常菜谱可参照菱角。但由于野菱现被列为国家二级重点保护野生植物（国务院1999年8月4日批准），因此建议不要食用。目前野菱尚未人工引种栽培。

水芹 *Oenanthe javanica*

水芹别名野芹菜、水芹菜、水英、细本山芹菜、牛草、楚葵、刀芹、蜀芹等，茎叶可作蔬菜食用。中国自古食用，两千多年前的《吕氏春秋》中称，"云梦之芹"是菜中的上品。水芹中各种维生素、矿物质含量较高，每100克可食部分含蛋白质1.8克、脂肪0.24克、碳水化合物1.6克、粗纤维1.0克、钙160毫克、磷61毫克、铁8.5毫克。水芹还含有芸香苷、水芹素和槲皮素等。我国中部和南部栽培较多，以江西、浙江、广东、云南和贵州栽培面积较大。

家常菜谱：

水芹菜其嫩茎及叶柄质鲜嫩，清香爽口，可炒、煮、凉拌或做配料，也可作馅心。炒有水芹炒粉丝、水芹炒肉丝、水芹炒百合、素炒等；煮有煮汤、煮蚕豆米、煮腊肉等，水芹与蚕豆米、腊肉同煮，食味更佳。芹菜叶中含有的胡萝卜素比茎部的含量高，将芹菜叶做成汤长期食用，可以帮助人安眠入睡，使皮肤有光泽。

一般人群均可食用。特别适合高血压和动脉硬化的患者。《本草汇言》说："脾胃虚弱，中气寒乏者禁食之。"因此，高血糖患者、缺铁性贫血患者、经期妇女、脾胃虚寒者慎食。芹菜有降血压作用，血压偏低者慎用。

一、清炒水芹菜

1.主料：水芹菜500克。

2.调料：调和油、食盐、干红椒、鸡精各适量。

3.主要步骤：

（1）水芹菜去根洗净切成段备用。

（2）干红椒切丁。

（3）起锅，油热后，下干红椒煸炒。

（4）下芹菜翻炒均匀。

（5）放入盐，炒至水芹微变软即可出锅。

二、水芹炒香干

1.主料：水芹菜、香干。

2.调料：油、食盐、鸡精各适量。

3.主要步骤：

（1）水芹菜去根洗净切成段备用。

（2）锅烧热，倒入油，加入切好的香干煸炒，至香干有焦黄色。

（3）倒入切好的水芹菜，翻炒片刻；加入盐、鸡精，装盘。

三、肉丝炒水芹

1.主料：水芹菜、肉丝。

2.调料：料酒、老抽、糖、油、食盐、鸡精各适量。

3.主要步骤：

（1）准备材料，肉丝加少许水淀粉搅拌好。

（2）锅中放油，油热后，倒入肉丝。

（3）放入料酒、老抽和糖炒均匀。

（4）放入芹菜，翻炒均匀后，加入适量的盐起锅。

四、水芹炒百叶

1.主料：水芹菜、百叶。

2.调料：油、食盐、鸡精各适量。

3.主要步骤：

（1）百叶切成丝，水芹洗干净切成小段。

（2）锅里油加热，倒入水芹，大火翻炒1分钟。

（3）百叶丝放入锅内，炒到水芹8分熟的时候加盐关火，利用余温翻拌均匀。

五、凉拌辣味水芹菜

1.主料：水芹菜250克，胡萝卜小半根，五香豆腐干3片。

2.调料：大蒜头半个，油、食盐、鸡精各适量。

3.主要步骤：

（1）将水芹菜清洗干净，焯水备用。

（2）将豆腐干和胡萝卜切丝，将大蒜捣成蒜泥。

（3）将水芹菜切寸段后放入盆中，加入豆腐干丝和胡萝卜丝，再加入蒜泥，加入一勺白醋，加入辣椒酱，加入盐、鸡精、芝麻油。搅拌均匀即可食用。

蕹菜 *Ipomoea aquatic*

也称空心菜、竹叶菜。现已作为一种蔬菜广泛栽培，或有时逸为野生状态。中国中部及南部各省常见栽培，北方比较少。可食用部分每100克中含蛋白质2.2克、脂肪0.3克、膳食纤维1.4克、碳水化合物2.2克。除供蔬菜食用外，尚可药用，内服解饮食中毒，外敷治骨折、腹水及无名肿毒。

家常菜谱：

一、水烫空心菜

1.主料：空心菜。

2.调料：独立蒜子一头（拍成碎末），盐、生抽、蚝油、山茶油各适量。

3.主要步骤：

（1）空心菜去掉硬梗部和烂叶，洗净，用手掐断并稍压扁碎。

（2）清水烧沸，放一勺山茶油和一勺盐于沸水中。

（3）空心菜段下水，烫至断生即捞出，放滴漏中沥干水，然后摆盘。

（4）热锅倒入山茶油，下蒜末爆香，倒入生抽、蚝油，关火，把烧热的油汤汁淋在空心菜上即可。

二、素炒空心菜

1.主料：空心菜。

2.调料：葱、姜、盐、鸡精、植物油各适量。

3.主要步骤：

（1）空心菜洗净，摘去叶子，把茎切成段，葱姜切成丝。

（2）炒锅内热油，油温八成热时放葱姜爆香，下空心菜翻炒，加盐、加鸡精，炒之菜熟出锅即可。

三、空心菜粥

1.主料：空心菜200克、大米100克。

2.调料：精盐1克、味精2克。

3.主要步骤：

（1）将空心菜去杂，洗净，切细；大米淘洗干净，备用。

（2）锅内加水适量，放入大米煮粥，八成熟时加入空心菜，再煮至粥熟，调入精盐、味精即成。

四、虾酱空心菜

1.主料：空心菜、虾皮。

2.调料：蒜蓉、红辣椒丝、精盐。

3.主要步骤：

（1）红辣椒洗净去蒂和籽，切成丝状；空心菜清洗数遍，摘成段待用；蒜头拍扁，剁成蓉；虾皮用清水泡软备用。

（2）烧热锅内3汤匙油，爆香蒜蓉和红辣椒丝，倒入虾皮炒至有香味，再舀入2汤匙虾酱，洒2汤匙清水炒匀。

（3）将空心菜倒下锅翻炒1分钟，直至锅内空心菜的叶子变软。

（4）洒入1/3汤匙白糖，与空心菜一同拌炒均匀，便可起锅。

五、空心菜排骨汤

1.主料：空心菜500克、猪排骨（大排）250克、虾米10克。

2.调料：姜5克、植物油10克、盐2克、味精1克。

3.主要步骤：

（1）排骨洗净，斩成细件。

（2）空心菜去根洗净。

（3）虾米用清水浸泡。

（4）煲内加7碗清水，放入排骨、虾米，以猛火煮滚，转中火煮20分钟。

（5）放入空心菜，加植物油，煮5分钟调味上桌。

六、空心菜炒肉

1.主料：空心菜300克、猪瘦肉200克。

2.调料：盐1克、白砂糖3克、猪油（炼制）40克。

3.主要步骤：

（1）将空心菜洗净。

（2）把瘦猪肉切成末。

（3）砂锅内放油，加入肉末煸炒。

（4）再加入盐、糖，略炒后放入空心菜翻炒片刻即可。

藿香 *Agastache rugose*

又名合香、苍告、山茴香等，芳香化浊、和中止呕、发表解暑。藿香的嫩茎叶可食用，为野味之佳品。藿香是高钙、高胡萝卜素食品，每100克嫩叶含水分72克、蛋白质8.6克、脂肪1.7克、碳水化合物10克、胡萝卜素6.38毫克、维生素B$_1$ 0.1毫克、维生素B$_2$ 0.38毫克、尼克酸1.2毫克、维生素C 23毫克、钙580毫克、磷104毫克、铁28.5毫克。全草含芳香挥发油0.5%，油中主要为甲基胡椒酚（约占80%）、柠檬烯、α-蒎烯和β-蒎烯、对伞花烃、芳樟醇、1-丁香烯等，对多种致病性真菌都有一定的抑制作用。芳香挥发油是制造多种中成药的原料。

家常菜谱：

藿香的食用部位一般为嫩茎叶。可凉拌、炒食、炸食，也可做粥。藿香亦可作为烹饪佐料或材料。

① 采茎叶放入开水中稍煮片刻，捞出后放入冷水中浸泡10分钟，切成寸段，腌渍、炒食或直接蘸酱。

② 做调味品，特别是炖鱼，放少量可去腥味。

③ 做成藿香酱。待油烧开后，加入藿香茎、叶，大酱，炒匀后，即可食用，口味极佳。

④ 采茎叶放置阴凉处阴干，可备冬季食用。

薄荷 *Mentha haplocalyx*

薄荷主要食用部位为茎和叶，也可榨汁服。在食用上，薄荷既可作为调味剂，又可作香料，还可配酒、冲茶等。薄荷是常用中药之一。它是辛凉性发汗解热药，治流行性感冒、头疼、目赤、身热、咽喉及牙床肿痛等症。外用可治神经痛、皮肤瘙痒、皮疹和湿疹等。平常以薄荷代茶，清心明目。薄荷香精作为食品添加剂。但是对薄荷过敏的人士不宜食用！

家常菜谱：

一、薄荷炒蛋

1.主料：薄荷嫩叶、鸡蛋。

2.调料：油、盐各适量。

3.主要步骤：

（1）采摘的薄荷嫩叶洗净后切碎。

（2）和鸡蛋打散搅拌在一起，加入适量的盐。

（3）入油锅炒制即可。

二、凉拌薄荷

1.主料：薄荷嫩叶500克。

2.调料：香醋25克，精盐、味精、姜末、胡椒粉、白糖、香油各适量。

3.主要步骤：

（1）将薄荷叶洗净，放开水中烫一下，捞出投凉，挤出浮水，待用。

（2）把香醋、精盐、味精、胡椒粉、白糖、姜末拌入薄荷中，调好口味，点香油即成。

三、薄荷粥

1.主料：鲜薄荷30克或干品15克、粳米150克。

2.调料：冰糖适量。

3.主要步骤：

（1）鲜薄荷30克或干品15克，清水1升，用中火煎成约0.5升，冷却后捞出薄荷留汁。

（2）用150克粳米煮粥，待粥将成时，加入薄荷汤及少许冰糖，煮沸即可。特点：清新怡神，疏风散热，增进食欲，帮助消化。

四、薄荷豆腐

1.主料：薄荷、豆腐。

2.调料：鲜葱3条。

3.主要步骤：

（1）豆腐2块，鲜薄荷50克，鲜葱3条，加2碗水煎。

（2）煎至水减半，即趁热食用。

五、薄荷鸡丝

1.主料：薄荷150克、鸡胸脯肉150克。

2.调料：蛋清、淀粉、精盐、葱姜末、料酒、味精、花椒油。

3.主要步骤：

（1）鸡胸脯肉150克，切成细丝，加蛋清、淀粉、精盐拌匀待用。

（2）薄荷150克洗净，切成同样的段。锅中油烧至5成热，将拌好的鸡丝倒入过下油。

（3）另起锅，加底油，下葱姜末，加料酒、薄荷、鸡丝、盐、味精略炒，淋上花椒油即可。

六、鲜薄荷鲫鱼汤

1.主料：薄荷20克、活鲫鱼1条。

2.调料：葱白1根，生姜1片，精盐。

3.主要步骤：

（1）活鲫鱼1条，剖洗干净，用水煮熟。

（2）加葱白1根、生姜1片、鲜薄荷20克，水沸即可放调味品和油盐，汤肉一起吃。

七、薄荷凉茶

用薄荷泡茶喝，泡法同普通茶叶一样，可以利用薄荷中薄荷醇、薄荷酮的疏风清热作用，而且泡茶喝之有清凉感，是清热利尿的良药。新鲜薄荷叶少许，清洗干净，沸水冲泡，放入适量白砂糖，自然冷却。

 # 稻槎菜 *Lapsanastrum apogonoides*

家常菜谱：

民间常采作野菜。幼苗或嫩株春季采集，开水烫后可食，也可清炒。

 # 拟鼠麴草 *Pseudognaphalium affine*

家常菜谱：

干燥全草性味甘、平，无毒。幼苗或嫩株春季采集，开水烫后可食。在江西、浙江、安徽等地均有清明前后采集拟鼠麴草制作清明果的习俗。此外可将拟鼠麴草与糯米煮饭同食，对脾胃虚弱、消化不良和肺虚咳嗽等具有一定疗效。在中国古代的三月三上巳节（宋代后消亡），福建、台湾一带叫"三月节"，人们采集拟鼠麴草合上米粉做粿，作为节日食品和祭祀祖先。

 # 华夏慈姑 *Sagittaria trifolia subsp. leucopetala*

又名慈菇、慈姑、白地栗、燕尾草、芽姑、茨菰、慈菰、剪刀草、水芋。李时珍说："慈姑一根岁产十二子，如慈姑之乳诸手，故以名之。燕尾，其时之像燕尾分叉，故又此名也。"慈姑的地下有球茎，黄白色或青白色。慈姑含有丰富的淀粉、蛋白质和多种维生素，富含钾、磷、锌等微量元素，对人体机能有调节促进作用。茨菰还具有益菌消炎的作用。中医认为茨菰性味甘平，生津润肺，补中益气，所以茨菰不但营养价值丰富，还能够败火消炎，辅助治疗痨伤咳喘。慈姑含有秋水仙碱等多种生物碱，有防癌抗癌、解毒消痈作用，常用来防治肿瘤。中医认为，慈姑主解百毒，能解毒消肿、利尿，用来治疗各种无名肿毒、毒蛇咬伤。慈姑含有多种微量元素，具有一定的强心作用，同时慈姑所含的水分及其他有效成分，具有清肺散热、润肺止咳的作用。球茎可作蔬菜食用。一般人群均可食用。孕妇、便秘者不宜多吃。

家常菜谱：

慈姑的块茎富含淀粉，但比土豆等更具纤维感和风味。

一、慈姑焖牛肉

1.主料：慈姑、牛肉、山楂、红枣、莲子。

2.调料：葱、姜、盐各适量。

3.主要步骤：

（1）将牛肉切成块，加酱油腌制片刻，慈姑去皮，红枣、莲子泡发备用。

（2）坐锅点火倒油，下牛肉、葱姜炒透，焖20分钟，再放入山楂、莲子、红枣烧制3分钟，调味勾芡即可出锅。

二、慈姑焖五花肉

1.主料：五花肉500克、慈姑300克、淡菜50克。

2.调料：精盐适量、料酒20克、葱段25克、姜块25克、味精2克。

3.主要步骤：

（1）将五花肉切成块，放入沸水中汆一下。慈姑去皮、切块。淡菜用水泡发洗净。

（2）将肉块、淡菜、葱、姜、料酒一起放专用器皿内，注入清水（浸过肉块），加盖，用高段火加热4分钟，取出器皿撇去浮沫后，加盖，用中段火加热6分钟。

（3）取出器皿，将慈姑下入，加盖，用高中段火加热8分钟，待慈姑熟透，取出，加精盐、味精调好口味即可食用。

三、慈姑全鸡汤

1.主料：仔公鸡半只、慈姑。

2.调料：菜油、生姜、大葱、胡椒（10粒）、精盐、酱油、味精、水豆粉适量。

3.主要步骤：

（1）将活鸡宰杀后去皮及内脏，用清水洗净，放入锅内煮熟，捞起晾凉，然后从脊背剖开，取出胸骨及腿骨，放在大蒸碗内。

（2）慈姑削去皮，用清水洗一下，装入鸡腹内，盛入碗内，用奶汤、精盐调匀，加料酒淋在碗内，上笼蒸熟。

（3）坐锅点火放入奶汤，烧开后从笼内取出盛鸡的碗，将汁水滗入碗内，全鸡翻扣在汤盘内，锅内放入精盐、胡椒粉、味精，烧开后倒入汤盘中即成。

四、慈姑炖排骨

1.主料：猪大排550克、慈姑350克。

2.调料：食盐1小匙、冰糖8粒、葱3段、姜3片、料酒1大匙、生抽1大匙、老抽1.5大匙、蒜苗2棵、香叶2片、胡椒粉少许。

3. 主要步骤：

（1）猪大排清洗干净。

（2）葱切段、姜切片，香叶备用。

（3）烧开一锅水，将猪大排放进去，水再次烧开后，煮3～5分钟，出尽血沫；将猪大排捞出冲洗干净，沥干水分。

（4）锅中的水倒掉，将锅洗干净，加热后，转小火，放入冰糖炒糖色。

（5）冰糖小火炒至全部熔化，慢慢变成琥珀色。

（6）将猪大排倒进去翻炒。

（7）加生姜、葱段、香叶翻炒出香味；烹入料酒、生抽、老抽翻炒上色；倒入开水至漫过排骨，盖上盖，大火烧开后转小火炖煮约40分钟。

（8）慈姑削去外皮，个头大的话切成两半。蒜苗切长段。

（9）排骨炖至剩1/3水时，将慈姑倒进去，加盐、胡椒粉调味；翻炒匀后，盖上锅盖，一起炖约20分钟。

五、慈姑炒藕片

1. 主料：慈姑250克、藕250克。

2. 调料：食盐、姜、调和油适量，干红辣椒。

3. 主要步骤：

（1）将慈姑切片。

（2）将藕切片。

（3）热锅冷油，将姜和干红辣椒倒入油锅中，爆香。

（4）接着将藕片倒入锅中煸炒。

（5）待稍微变色后，将慈姑片倒入锅中一起煸炒至断生即可，撒盐，出锅。

薏苡 *Coix lacryma-jobi*

薏苡主产我国湖北蕲春、湖南、河北、江苏、福建等省，其中以蕲春四流山村为原产地的最为出名。又名草珠儿、药玉米、水玉米、晚念珠、六谷迷、石粟子、苡米。薏苡仁又称苡米，为禾本科多年生草本植物的成熟种仁，是中国传统的食品资源之一，可做成粥、饭、各种面食供人们食用。尤其对老弱病者更为适宜。味甘、淡，性微寒。有健脾利湿、清热排脓、美容养颜功能。它既是中药学中利水渗湿的常用中药，又是人们生活中常食的粮食之一。

家常菜谱：

一、珠玉二宝粥

珠玉二宝粥是一道传统的汉族药膳。

1. 主料：薏苡仁50克、山药150克、柿霜饼30克。

2. 调料：白砂糖15克。

3.主要步骤：

（1）将山药洗净煮熟，去除外皮，切成丁。

（2）薏苡仁淘洗干净，用冷水浸泡2小时，捞出，沥干水分。

（3）取锅加入冷水、薏苡仁，先用旺火煮沸。

（4）然后改用小火熬煮至粥将成。

（5）加入山药丁、柿霜饼、白砂糖，再略煮即成。

二、薏苡仁粥

1.主料：薏苡仁、粳米。

2.调料：白糖适量。

3.主要步骤：

（1）将薏苡仁、粳米洗净，放入锅内，加清水适量，武火煮沸后，文火煮成粥。

（2）加白糖调成甜粥，随量食用。

三、薏苡仁汤

1.主料：薏苡仁50克、玉米须10克、玉米（鲜）15克、鸡蛋70克、黄瓜50克、胡萝卜50克。

2.调料：盐2克、淀粉（豌豆）5克。

3.主要步骤：

（1）将洗过几次的薏苡仁用热水泡一夜，次日放入150克鸡骨汤中煮软为止。

（2）中途把盛在袋里的经过快洗过的玉米须倒入汤里，玉米粒（生的，用刀切开）加入汤中，胡萝卜和黄瓜切成球形加到汤中，全部烂时取出玉米须，加点盐并以淀粉勾芡。

（3）蛋黄和蛋白分开，搅开，再分别徐徐倒入汤中，用勺子压着使成白云状浮在汤的表面。

四、冬瓜薏苡仁骨汤

1.主料：冬瓜、猪骨、薏苡仁。

2.调料：姜、小葱、精盐。

3.主要步骤：

（1）猪骨要泡一泡，清洗去血水。

（2）冬瓜去皮切块。

（3）烧开水，把猪骨焯水后洗一下。

（4）把猪骨入炖锅内。

（5）加入冬瓜、薏苡仁和姜、葱。加入开水，入炖盅内，炖好的汤加入盐调味即可。

芦苇 *Phragmites australis*

家常菜谱：

芦苇的嫩芽可食用，也可做粽子。味道似芦笋。

芦苇炒肉

1.主料：芦苇、猪（羊）肉。

2.调料：葱、姜、干红辣椒、精盐、味精、白糖、油。

3.主要步骤：

（1）将芦苇洗净，去老根切段、肉切片。

（2）锅内放油烧热，下葱、姜、干红辣椒焖炒后，放肉片炒白，然后下芦苇、调料一同炒香后即可装盘食用。

 # 菰 *Zizania latifolia*

又名茭白、茭白笋、脚白笋、加白笋、交白笋、加泽笋、菰白笋、菰蒋、菰蒋草等。在菰茎中寄生的菰黑粉菌（*Yenia esculenta*）会刺激薄壁组织的生长，使幼嫩茎部膨大，成为茭白（又名茭瓜、茭白笋），是中国南方常见的一种蔬菜。茭白原产中国，春秋时期即已栽培。目前，茭白在中国从东北至华南都有栽培，以太湖流域最多，著名品种均出自无锡、苏州和杭州一带。明代有一首《咏茭》的诗："翠叶森森剑有棱，柔柔松甚比轻冰，江湖岩假秋风便，如与鲈莼伴季鹰。"说的就是江南三大名菜：茭白、莼菜、鲈鱼。古代的茭白为秋季一熟茭，到明朝时选育出了夏秋两熟茭。六月茭又名河姆渡茭，该品种抗灰茭，属早熟品种。茭白的种子呈黑色，亦可食，称为野米、茭米、菰米、雕胡米，为古代六谷（稌、黍、稷、粱、麦、菰）之一。

家常菜谱：

一、茭白炒肉片

1.主料：茭白3根、里脊肉150克。

2.调料：葱2根，辣椒1个，蒜末1小匙，黄酒1大匙，酱油1大匙，淀粉1茶匙，精盐、味精、油适量。

3.主要步骤：

（1）里脊肉切片，拌入调味料；茭白去皮、洗净、切片；葱切小段；辣椒去籽、切片。

（2）先将肉片过油，再用2大匙油炒蒜末和茭白，然后肉片回锅，加入调味料炒入味。

（3）放入葱段、辣椒，炒匀即可。

二、凉拌茭白

1.主料：茭白。

2.调料：大葱、姜、精盐、味精、胡椒粉、香油、适量。

3.主要步骤：

（1）将茭白去皮洗净，切成丝，用开水焯后，沥干水分。

（2）大葱切成寸长的丝，姜切成丝，一起装入碗中，放入少许胡椒粉。将香油烧热淋于葱丝上，稍凉后与茭白拌在一起，调入盐、味精拌匀即可。

三、咖喱茭白

1.主料：茭白。

2.调料：咖喱油、鸡清汤、精盐、白糖、味精、色拉油、麻油适量。

3.主要步骤：

（1）将茭白去壳去老皮，洗净后切成5厘米长、筷粗的条。锅洗净置中火上，入色拉油烧至四成热时，倒入茭白条烧至断生，捞出沥油待用。

（2）原锅留油适量，放入咖喱油炒一下，再放入茭白条，炒至杏黄色时，加入鸡清汤、精盐、白糖，用小火烧至卤汁将尽时，加味精，淋麻油，翻炒起锅装碟即成。

四、酱淋茭白

1.主料：茭白。

2.调料：芝麻酱、酱油、麻油、白糖和醋适量。

3.主要步骤：

（1）将茭白洗净，放入锅中蒸熟，取出后放凉。

（2）将芝麻酱、酱油、麻油、白糖和醋一起调匀。

（3）将放凉的茭白切成块状，放入盘内，淋上酱料，食用时拌匀即可。

五、油焖茭白

1.主料：茭白。

2.调料：酱油、精盐、白糖、味精、植物油、香油适量。

3.主要步骤：

（1）将茭白切成长4.5厘米、宽0.5厘米的长条块。

（2）将炒锅放旺火上，加入植物油，待烧至六成热，下入茭白炸约1分钟，捞出沥去油。

（3）再将炒锅放火上，投入茭白，加入酱油、精盐、白糖、味精、少许水，再烧一二分钟，淋上香油即可。

六、糟溜茭白

1.主料：茭白。

2.调料：糟卤、精盐、姜丝、味精、精盐适量。

3.主要步骤：

（1）茭白剥壳去根洗净，斜刀切成0.5厘米厚的片，每片的两面分别交叉批上0.2厘米深的刀纹。

（2）锅内加油，在中火上烧至四成熟，调至小火，把茭白片放入油内煎透（不要煎煳）。

（3）把油滗出，再加入糟卤、精盐，用旺火烧3分钟，接着放入姜丝、味精，起锅装盆即成。

七、麻辣茭白

1.主料：茭白。

2.调料：辣油、细盐、味精、白糖、花椒粉、麻油、鲜酱油适量。

3. 主要步骤：

（1）将茭白去壳洗净后，切成7厘米长、0.7厘米宽的小长条，再用开水将茭白条煮熟后捞出，沥干水分。

（2）加辣油、细盐、味精、白糖、花椒粉、麻油、鲜酱油一起拌匀装盆即成。

荸荠 *Eleocharis dulcis*

又名马蹄、乌芋、地栗、地梨、芘荠、通天草。古称凫茈（凫茈），俗称马蹄，又称地栗，因它形如马蹄，又像栗子而得名。称它马蹄，仅指其外表；说它像栗子，不仅是形状，连性味、成分、功用都与栗子相似，又因它是在泥中结果，所以有地栗之称。荸荠皮色紫黑，肉质洁白，味甜多汁，清脆可口，自古有"地下雪梨"之美誉，北方人视之为"江南人参"。荸荠既可作为水果，又可作蔬菜，是大众喜爱的时令之品。荸荠，中药名，为莎草科荸荠属植物荸荠的球茎及地上部分。全国各地都有栽培。球茎具有清热止渴、利湿化痰、降血压之功效，常用于热病伤津烦渴、咽喉肿痛、口腔炎、湿热黄疸、高血压病、小便不利、麻疹、肺热咳嗽、硅沉着病、痔疮出血。地上全草具有清热利尿之功效，常用于呃逆，小便不利。

家常菜谱：

一、马蹄蒸肉饼

1. 主料：马蹄6粒、半肥瘦肉300克。

2. 调料：天津冬菜少许，香菜1棵，生粉、鸡粉和盐适量。

3. 主要步骤：

（1）马蹄去皮洗净，切碎粒；猪肉洗净，切片后再剁碎；香菜洗净切段。

（2）将马蹄、猪肉、冬菜、生粉、鸡粉、盐和少许清水混合拌匀，装在盘上，隔水猛火蒸半小时，撒上香菜即可食用。

二、马蹄枝竹焖羊腩

1. 主料：马蹄6粒、羊腩250克、枝竹100克。

2. 调料：姜3片，葱白2根，腐乳2块，白酒2茶匙，白砂糖、油和盐各适量。

3. 主要步骤：

（1）马蹄洗净去皮，用刀背拍扁。

（2）枝竹洗净，用温水泡一小时，捞起备用。

（3）羊腩洗净切块，汆水5分钟捞起，用白酒、白砂糖、盐略腌。

（4）热锅放适量油，爆香姜片、葱，放入羊腩略炒，再加入马蹄、枝竹、腐乳和少许水一起焖半小时即可。

三、马蹄素什锦

1. 主料：马蹄6粒、青圆椒1个、花菇3朵、胡萝卜半根。

2. 调料：淀粉水、黑胡椒粉、盐各适量。

3.主要步骤：

（1）马蹄洗净去皮；青圆椒洗净，切半去籽；花菇泡发后去蒂；胡萝卜洗净。所有食材都切成丁。

（2）锅里放油，倒入切好的所有原料，翻炒，加少许水后加盖煮熟，放入黑胡椒粉、盐调味，勾芡后盛出即可。

四、糖醋马蹄排骨

1.主料：马蹄、排骨。

2.调料：料酒、香叶、八角、盐各适量。

3.主要步骤：

（1）排骨斩块，用清水浸泡一会，滤去血水，冷水下锅，放料酒、香叶、八角等香料，水烧开后，再煮两三分钟，捞出排骨。

（2）在流动的温水中冲去浮沫，沥干水分；焯好水的排骨再次冷水放入电饭煲，汤水烧开后再炖煮半小时左右，捞出排骨，沥干汤汁，用少量盐提前腌制入味。排骨汤留作高汤或煮面条用。

（3）马蹄清洗掉表面的泥沙。

（4）马蹄冷水下锅，水烧开后，再煮十分钟左右，捞出马蹄，在冷水中浸泡一会，削皮；大的马蹄对半切开。

（5）蒜瓣切碎。

（6）备好调味汁：生抽、老抽、盐、陈醋。

（7）坐锅热油，下入冰糖，小火煎至冰糖基本熔化。

（8）下入排骨，略翻炒，下入马蹄。

（9）加一点排骨汤，淋上调味汁，翻炒入味至汤汁基本收干。

（10）撒上蒜末，翻炒均匀，即可起锅装盘。

五、马蹄莲藕烧羊肉

1.主料：羊肉、莲藕、马蹄、胡萝卜。

2.调料：盐、糖、料酒、酱油、淀粉、鸡蛋、黑胡椒、葱、姜、蒜、番茄酱。

3.主要步骤：

（1）羊肉切条，用黑胡椒、料酒、盐、淀粉和鸡蛋腌制入味。

（2）莲藕去皮切小块，马蹄、胡萝卜切片备用。

（3）羊肉入锅一面受热，保证它不粘，稍微翻一下，变色后，加入葱、姜、蒜，放一点番茄酱。

（4）翻炒上色之后，加入藕，再下马蹄和配菜胡萝卜。加糖、盐、酱、油、水等，烧10分钟即可。

六、排骨烧马蹄

1.主料：排骨250克、马蹄250克。

2.调料：蒜头、葱、生姜、香菜、油、盐、酱油、糖、辣椒粉、料酒适量。

3.主要步骤：

（1）烧开半锅水，倒入1汤匙料酒，再放入洗净的排骨，焯30秒后捞出沥干水。

（2）盛1/3锅的清水烧开，倒入飞过水的排骨大火煮20分钟，捞起后沥干水，锅内的汤留着待用。

（3）拍扁蒜去衣剁蓉，葱洗净切成葱花，生姜切成片。锅中加3汤匙油，爆香葱、姜、蒜，倒进排骨大火炒1分钟，此时排骨呈微黄色。

（4）倒入洗好的马蹄，再倒2碗排骨汤进锅，水量以没过排骨为宜，盖上锅盖大火煮5分钟，小火焖20分钟。

（5）加1/5汤匙盐、1/2汤匙酱油、1/6汤匙糖和1/5汤匙辣椒粉，翻炒排骨、马蹄让其入味，装盘后撒上葱花和香菜叶即可。

紫芋 *Colocasia esculenta*

又称芋、芋头、芋艿，食用部分为地下球茎。芋头中富含蛋白质、钙、磷、铁、钾、镁、钠、胡萝卜素、烟酸、维生素C、B族维生素、皂角苷等多种成分，芋头中还含有丰富的黏液皂素及多种微量元素。

家常菜谱：

一、香葱芋艿

1.主料：芋头。

2.调料：小葱、水、白糖、植物油适量。

3.主要步骤：

（1）芋头连皮洗净，放入锅中加水盖过，煮滚后转小火煮15分钟左右，以筷子可以轻松插入为准。

（2）把煮好的芋头泡到冷水中冷却后再把皮剥除，个头较大的切成大块备用。香葱切末备用。

（3）炒锅烧热放入两勺植物油，把葱白部分加入爆香。

（4）再把芋头放入翻炒。

（5）加入水、盐、糖烧开。

（6）加盖，用小火焖煮5～6分钟，中间注意翻炒一下以防粘锅。

（7）最后待汤汁略呈糊状，把葱绿的部分撒入翻炒两下即可起锅。

二、芋头扣肉

1.主料：带皮五花肉200克、大芋头1/3个。

2.调料：八角1个、大蒜2瓣、盐1/2茶匙、蜂蜜1茶匙、老抽1汤匙、腐乳汁2汤匙、油1汤匙、勾芡用水淀粉100毫升。

3.主要步骤：

（1）芋头去皮备用，五花肉洗净放入汤锅中，加入八角，将五花肉煮至七成熟后捞出。

（2）用牙签在煮好的肉上扎一些小孔，用5毫升左右老抽均匀地涂抹五花肉表面。

（3）涂好老抽的五花肉切片，芋头切稍厚的片，大蒜切碎备用。

（4）将盐、蜂蜜、5毫升老抽、腐乳汁、油和大蒜碎混合成调味汁备用。

（5）芋头片和肉片在调料中拌匀，使每片尽可能涂匀调料。

（6）涂好的芋头一层、肉片一层，整齐地码在碗里，上锅蒸30分钟。

（7）扣肉蒸好后，另起锅将水淀粉和5毫升老抽加热勾芡，浇至刚蒸好的扣肉上即可。

三、翻砂芋头

1. 主料：芋头。

2. 调料：白砂糖4汤匙、水5汤匙左右、食用油适量。

3. 主要步骤：

（1）将芋头去皮，切成比小指略细的条状。

（2）锅中倒入适量食用油，待油6成热后，下芋头条小火炸3分钟左右后捞出，稍凉后中火再炸一分钟上色。

（3）另取炒锅开火，倒入水和白砂糖翻炒，化成浆后下炸好的芋头翻炒，让糖浆均匀地裹在芋头条上，即可关火。

四、芋头排骨煲

1. 主料：小排骨300克、芋头400克。

2. 调料：蒜2瓣、酒1大匙、酱油1/2大匙、盐1/2茶匙、糖1茶匙、胡椒粉少许。

3. 主要步骤：

（1）小排骨洗净，拌入调味料腌10分钟，再用热油炸至上色捞出。

（2）芋头去皮、切小块，放入热油中炸过捞出。

（3）用2大匙油炒香蒜瓣，再放入小排骨，加入调味料和2杯清水烧开，改小火煮20分钟。

（4）芋头下锅同煮约20分钟，待其酥软并汤汁收至稍干时即可。

五、香芋炒肉丁

1. 主料：瘦肉150克、芋头150克。

2. 调料：蒜头、葱、辣椒、油、生抽、糖、胡椒粉、淀粉。

3. 主要步骤：

（1）将肉切成1.5厘米见方小粒，用少许的盐、胡椒粉拌匀，再用淀粉抓匀。

（2）芋头切成1.5厘米见方小粒，放锅里用中火炸2分钟，装起备用。

（3）油烧到五成热，下肉丁推散，加入蒜头、辣椒煸香，再倒入芋头翻炒，加生抽、加糖炒1分钟，撒上葱花即可。

六、红烧芋头

1. 主料：小芋头若干、鸡腿一只。

2. 调料：白糖适量，葱花少许，芝麻少许，老抽少许，盐、鸡精适量。

3.主要步骤：

（1）芋头煮熟剥皮切块，鸡腿切块备用。

（2）锅中热油加入白糖熬出糖色，加鸡块炒至七成熟，倒入芋头、少许老抽、盐、鸡精及一点点水同焖。

（3）鸡块熟便可起锅，起锅后洒上葱花和芝麻即可。

 # 鸭舌草 *Monochoria vaginalis*

家常菜谱：

春夏季采摘嫩茎和叶，经开水烫后炒食。

蕲春水生药用植物图鉴及使用指南

附　　录

附录1 湖北省蕲春县情况介绍

蕲春地处湖北东部，大别山南麓，长江中游北岸，版图面积2400平方公里，辖15个乡镇办、两个省级开发区和1个国家级湿地公园，总人口103万人，是大别山经济社会发展试验区和武汉城市圈的重要组成部分。

蕲春历史悠久，文化底蕴深厚。蕲春建县始于公元前201年，距今已有2200多年的历史，历为州、路、府所在地，以州领县长达1080年。我们总结蕲春有"四张名片"：**一是医圣故里。**明代伟大医药学家李时珍就诞生在这里，他撰写的《本草纲目》，被誉为"东方医药巨典"和"中国古代的百科全书"，为人类健康事业作出了不可磨灭的贡献。2011年，《本草纲目》与《黄帝内经》一同入选联合国教科文组织《世界记忆名录》。**二是教授名县。**蕲春历来具有耕读传家的传统遗风，20世纪以来，从蕲春走出去的教授有4300多位，黄侃、胡风是他们中的杰出代表，被誉为教授县。**三是王府胜地。**明代在蕲州设荆王府，历十代，传200年。吴承恩在荆王府任纪缮时完成了《西游记》后13回，因此蕲州也是《西游记》的成书地。**四是养生之都。**蕲春是传统中医药文化之乡，懂医识药的人较多，保健、康体、养生自成体系，全县健在的百岁以上老人31位。

蕲春自然资源丰富，生态环境良好。蕲春位于北纬30度的大别山地区，气候温和，日照充足，四季分明，雨量充沛，自然资源异常丰富，是湖北省优质粮油、水产、畜牧、中药材大县，是传统的中医药之乡，是全国首批食品药品安全示范县。全县粮食作物种植面积116.6万亩，总产量达10.59亿斤❶；药材种植面积达30.82万亩，主导品种5个，年产中药材万吨。蕲艾、丹参、百合3个品种被授予全省道地中药材GAP示范基地建设调研品种。全县有效使用"三品一标"品牌的企业41家，品牌97个，为全市之最。蕲春珍米、九孔莲藕、蕲山药、油姜、绿茶通过了国家绿色食品认证，蕲艾、蕲春珍米、蕲春酸米粉、蕲芹、蕲春夏枯草、蕲春薏苡仁被评定为国家地理标志保护产品，"地标"产品达6个，为全省之最。蕲春珍米入选全国农产品最具影响力品牌，驹龙园茶在全国农博会上获金奖。李时珍的《本草纲目》中所记载的1892种中药材，蕲春境内就有700余种，具有大别山天然药库之称，蕲艾、蕲竹、蕲龟、蕲蛇堪称蕲春"四宝"。鄂人谷、三江、生态园、李时珍纪念馆、大鑫湾度假区和普阳观景区等旅游景区逐步成为中三角地区人文、养生和生态旅游目的地。原生态景观白羊沟、野人河、郑家山、木石河、牛皮寨、云丹山药谷等成为武汉城市圈户外运动首选地。华中地区最大艺术精品——雾云山梯田、龙泉花海、百草园、康特鹿园、屏风寨、棠树岭竹海、仙人湖、赤龙湖、管窑陶艺文化吸引的自驾游线路非常繁忙。

蕲春交通四通八达，区位优势明显。南临长江"黄金水道"，京九铁路、沪蓉高速公路以及麻武高速横贯东西，柳界、蕲太和大别山红色旅游公路交织相连，在长江中游城市集群中，处于中心地带，1小时经济圈内有1个省会城市（武汉）、5个中等城市；2小时经济圈内有3个省会城市（武汉、南昌、合肥），13个中等城市。

蕲春产业优势突出，实力不断增强。已形成了医药化工、陶瓷建材、纺织服装、机械

---

❶ 1斤＝500克。

电子、农产品加工等支柱产业，综合实力不断增强。城镇以上固定资产投资额、规模以上工业增加值增速、外贸出口等主要指标位居全市前列。同时蕲春还是全国文化先进县、湖北省县域经济发展先进县、最佳金融信用县、平安县。

蕲春人力资源富裕，投资成本低廉。蕲春拥有劳动力人数约60万，产业工人近万人，每年外出从商务工人员30万以上。现有黄冈市第二技工学校、县理工中专等各类职业学校，培养了大量优质专业的现代化人才。人力资源稳定可靠，成本较低，据统计2014年县经济开发区企业职工月平均工资1600元左右。蕲春县属三峡水电站供电范围，境内建有220千伏变电、110千伏变电站，工业用电稳定性好，基本不存在拉闸限电现象。水、天然气配套完善，价格低廉。

蕲春政策优越，发展机遇叠加。蕲春独享中部崛起战略、武汉城市圈"两型社会"综合配套改革、长江中游城市群建设、长江经济带新一轮开放开发、大别山片区扶贫开发、大别山试验区建设和《大别山革命老区振兴发展规划》出台等七大重大战略机遇。李时珍医药工业园区2015年被省政府批准为高新技术产业园区。举全县之力建设的规划占地60平方公里的河西新区，是承接大城市产业转移重要载体，三横七纵路网已全面铺开。

附录2 植物中文名索引

附录3 植物学名索引

参考文献

[1] 陈庆山.水蕨的生物学特性观察和人工繁育探索[D].福州：福建农林大学，2013.

[2] 陈耀东，马欣堂，杜玉芬，冯旻，李敏.中国水生植物[M].郑州：河南科学技术出版社，2012.

[3] 陈桢，鞠宝玲，彭菲菲，陆叶.鼠麴草的生药学鉴定[J].牡丹江医学院学报，2009，4：33-35.

[4] 刁正俗.中国水生杂草[M].重庆：重庆出版社，1990.

[5] 傅书遐.湖北植物志（第1～4卷）[M].武汉：湖北科学技术出版社，2002.

[6] 国家环境保护局，中国科学院植物研究所.中国珍稀濒危保护植物名录（第一册）[M].北京：科学出版社，1987.

[7] 国家中医药管理局中华本草编委会.中华本草[M].上海：上海科学技术出版社，1999.

[8] 国家药典委员会.中华人民共和国药典[M].北京：化学工业出版社，2005.

[9] 国家药典委员会.中华人民共和国药典[M].北京：中国医药科技出版社，2010.

[10] 贾敏如，李星炜.中国民族药志要[M].北京：中国医药科技出版社，2005.

[11] 廖廓，戴璨，王青锋.武汉植物图鉴[M].武汉：湖北科学技术出版社，2015.

[12] 李弘.蕲春乡村地名史话[M].北京：中国文史出版社，2009.

[13] 刘虹.大别山地区典型植物图鉴[M].武汉：华中科技大学出版社，2011.

[14] 刘虹，覃瑞.木林子国家级自然保护区植物图鉴[M].武汉：武汉大学出版社，2015.

[15] 南京中医药大学中药大辞典编委会.中药大辞典[M].上海：上海科学技术出版社，2006.

[16] 沈连生.本草纲目彩色图谱[M].北京：华夏出版社，1998.

[17] 王国强.全国中草药汇编[M].北京：人民卫生出版社，2014.

[18] 王徽勤，吴强，何风仙.农田杂草图谱[M].武汉：武汉大学出版社，1988.

[19] 汪小凡，杜巍，魏星，潘明清.神农架常见植物图谱[M].北京：高等教育出版社，2015.

[20] 汪小凡，黄双全.珞珈山植物原色图谱[M].北京：高等教育出版社，2012.

[21] 王跃兵，杨德勇.药用植物藿香在园艺园林中的应用及丰产栽培技术[J].贵州农业科学，2009，2：18-20.

[22] 于永福.中国野生植物保护工作的里程碑[J].植物杂志，1999，（5）：30-32.

[23] 赵家荣，刘艳玲.水生植物图鉴[M].武汉：华中科技大学出版社，2009.

[24] 赵玉良.藿香的人工栽培技术与食用方法[J].吉林蔬菜，2007，2：28-29.

[25] 中国科学院植物研究所.中国高等植物图鉴（第一册）[M].北京：科学出版社，1972.

[26] 中国科学院植物研究所.中国高等植物图鉴（第二册）[M].北京：科学出版社，1972.

[27] 中国科学院植物研究所.中国高等植物图鉴（第三册）[M].北京：科学出版社，1974.

[28] 中国科学院植物研究所.中国高等植物图鉴（第四册）[M].北京：科学出版社，1975.

[29] 中国科学院植物研究所.中国高等植物图鉴（第五册）[M].北京：科学出版社，1976.

[30] 中国科学院植物研究所.中国高等植物图鉴（补编第一册）[M].北京：科学出版社，1982.

[31] 中国科学院植物研究所.中国高等植物图鉴（补编第二册）[M].北京：科学出版社，1983.

[32] 中国科学院武汉植物研究所.中国水生维管束植物图谱[M].武汉：湖北人民出版社，1983.

[33] 中国科学院中国植物志编辑委员会.中国植物志（全套）[M].北京：科学出版社，1994.

[34] 中国药材公司.中国中药资源志要[M].北京：科学出版社，1994.